生物科学专业野外实习指导

SHENGWU KEXUE ZHUANYE
YEWAI SHIXI ZHIDAO

主　编：巴雅尔塔
副主编：徐丽萍　曹文秋　张相锋　牛克昌

西南大学出版社

图书在版编目(CIP)数据

生物科学专业野外实习指导/巴雅尔塔主编. -- 重庆：西南大学出版社, 2024.3
ISBN 978-7-5697-2338-0

Ⅰ.①生… Ⅱ.①巴… Ⅲ.①生物学－教育实习－高等学校－教材 Ⅳ.①Q-45

中国国家版本馆CIP数据核字(2024)第072021号

生物科学专业野外实习指导
巴雅尔塔 主　编

责任编辑：鲁　欣
责任校对：雷　兮
装帧设计：闻江文化
排　　版：杨建华
出版发行：西南大学出版社(原西南师范大学出版社)
　　　　　地址：重庆市北碚区天生路2号
　　　　　邮编：400715
　　　　　电话：023-68868624
印　　刷：重庆亘鑫印务有限公司
成品尺寸：195 mm × 255 mm
印　　张：8.25
插　　页：10
字　　数：156千字
版　　次：2024年3月　第1版
印　　次：2024年3月　第1次印刷
书　　号：ISBN 978-7-5697-2338-0
定　　价：38.00元

前言

伊犁师范大学生物科学专业于1999年开始招收专科生,2003年开始招收本科生,2019年开始招收学科教学(生物)专业硕士以及生物学硕士。经过20多年的探索实践,伊犁师范大学生物科学专业现已成为新疆维吾尔自治区生物科学重点专业、生物科学一流专业,师资力量雄厚,拥有新疆维吾尔自治区生物实验示范中心、微生物重点实验室等多个实验平台,培养的学生分布于全国各地,受到用人单位的一致好评。

为了更好地使生物科学专业立足地方、服务地方,培养掌握生物学基础理论、基本知识和基本技能,和受过扎实的专业理论和实验技能训练,且能够运用所掌握的理论知识和技能,以及从事生物学及相关学科的教学、教育管理等工作的德、智、体、美、劳全面发展的人才,根据伊犁河谷特有生物资源优势,结合该专业的培养目标,伊犁师范大学生物科学与技术学院组织生物科学教研室教师编写了《生物科学专业野外实习指导》,旨在提高该专业学生的实践能力,也可为生物工程、植物保护等专业学生的野外实习提供可行的参考依据。

本书内容分为两大部分,分别是生物科学野外实习基础和生物科学野外实习项目。其中,第一部分包括伊犁河谷生物多样性组成、植物形态学特征与规范化采样、植物标本采集、双名法、植物检索表的使用、爬行动物调查采样、节肢动物调查与功能性状测量、伊犁河谷常见鸟类等内容;第二部分包括植物群落调查采样,生物多样性指数分析,森林群落调查采样,草地群落组成调查、采样与分析,草地群落植物花调查采样,草地群落节肢动物调查采样,鸟类观察采样——新疆翻飞鸽形态调查采样,大型真菌资源调查采样等实习项目。本书内容既能体现伊犁河谷区域生物多样性特色，又具有很强的实践指导性，注重基础理论、实验操作、数据分析和例题计算，引导学生将课堂理论知识、实践操作和实习项目结合起来。书中附有伊犁河谷常见的1 108种植物、40种哺乳动物、192种鸟类的名录，以及12种哺乳动物、29种鸟类、5种爬行动物、17种节肢动物的图片。本书除了适合作为生物科学专业本科生的野外实习指导外，也适合生物技术和农学等专业的教师和学生使用，还可作为伊犁河谷生物多样性调查研究的参考资料。

  本书的出版得到了新疆维吾尔自治区生物科学重点专业项目资助，值得一提的是新疆大学努尔巴依教授无私提供了伊犁河谷哺乳动物、鸟类、爬行动物和节肢动物的野外调查采样照片，在此表示衷心感谢。

  限于编者的水平和能力，书中难免有错漏之处，敬请各位专家和读者批评指正。

目录 CONTENTS

Part 1 第一部分 生物科学野外实习基础

第一节　伊犁河谷生物多样性组成 …………………………002

第二节　植物形态学特征与规范化采样 …………………059

第三节　植物标本采集 …………………………………………064

第四节　双名法 …………………………………………………069

第五节　植物检索表的使用 ……………………………………073

第六节　爬行动物调查采样 ……………………………………076

第七节　节肢动物调查与功能性状测量 …………………078

第八节　伊犁河谷常见鸟类 ……………………………………085

Part 2

第二部分

生物科学野外实习项目

项目一	植物群落调查采样	096
项目二	生物多样性指数分析	100
项目三	森林群落调查采样	110
项目四	草地群落组成调查、采样与分析	115
项目五	草地群落植物花调查采样	117
项目六	草地群落节肢动物调查采样	119
项目七	鸟类观察采样——新疆翻飞鸽形态调查采样	121
项目八	大型真菌资源调查采样	125

主要参考文献 ……………………………………………………………… 129

第一部分

生物科学野外实习基础

第一节
伊犁河谷生物多样性组成

一、全球生物多样概况

地球的显著特征之一是生命的存在,生命的显著特征体现在其多样性当中。全球生态系统中的物种数达500万~5 000万,其中,已被鉴定的物种数达200万。2011年统计数据表明,在全球植物区系中已被命名的开花植物种数为352 282种,虽然近两百年来平均每个分类学家所能够发现的新物种数在递减,但是,在全球植物区系中仍蕴藏着13%的双子叶植物种和17%的单子叶植物种有待发现和命名。在全球植物区系中尚未被识别和鉴定的有花植物种中,据估计有一半以上已被馆藏,其中,多数标本在采集后未及时进行正确鉴定和二次开发利用,因此标本馆成为发现和保护物种多样性的另一重要场所。根据Daniel P. Bebber等对美国密苏里植物园(Missouri Botanical Garden)、伦敦自然历史博物馆(Natural History Museum)、爱丁堡皇家植物园(Royal Botanic Garden Edinburgh)和墨尔本皇家植物园(Royal Botanic Gardens Melbourne)四家植物标本馆的100 000份标本的分析,2%的标本采集者采集并制作了50%以上的馆藏标本,多数标本是在植物多样性热点区域采集的。

中国科学院植物研究所植物标本馆馆藏植物标本约260万份,其中,腊叶标本收藏约208万份、种子标本收藏约8万份、化石标本收藏约7万份,模式标本收藏约2.1万份,涵盖1万个分类群。国家动物博物馆馆藏各类动物标本约892万份。现在的高校普遍建有标本馆,为师生对生物多样性的识别与深入研究提供了便利。

当前,学界普遍认为生境破坏、气候变化、物种入侵、破坏性资源开发和环境污染等自然和人为因素共同导致许多物种陷入灭绝债务(extinction debt),在全球植物区系中27%~33%的已命名种和10%~20%的未命名种正处于被灭绝的危险中。因此,区域物种多样性的调查、分类,以及物种资源库的创建被视为21世纪生物学研究的核心内容,是研究和保护物种多样性的基础。

二、伊犁河谷区域环境概况

伊犁河谷区域25%的陆地表面由山地覆盖。山地具有浓缩的环境梯度、高度异质化的生境以及相对较低的人类干扰强度,成为物种的避难所和新兴植物区系分化繁衍的摇篮,孕育着全世界三分之一的陆生植物,是验证和发展物种多样性理论和发现新物种的理想场所,因此成为多样性研究的热点区域。据统计,新疆约有4 000种野生高等植物,其中,有2 000多种分布在天山山系。天山山系为亚洲中部最大山系,西起乌兹别克斯坦的克孜勒库姆沙漠以东,经吉尔吉斯斯坦和哈萨克斯坦,进入中国新疆境内,渐失于哈密市以东的戈壁中,东西长度超过2 500 km,南北宽度一般为250~300 km,山脊基线的平均海拔为4 000 m左右,最高的托木尔峰海拔达7 443 m。国际上将中国境内的天山山脉段称为东天山,将中亚地区的天山山脉段称作西天山,国内习惯上将天山山脉段的伊犁河谷段称作西天山。

伊犁河谷位于北纬42°14′至44°50′,东经80°09′~84°56′,东西长360 km,南北宽275 km。伊犁河谷北部与博尔塔拉蒙古自治州和塔城地区为界,东南部以中天山山脉脊线与巴音郭楞蒙古自治州相邻,南部以南天山山脉脊线与阿克苏地区相邻,西部与哈萨克斯坦接壤。伊犁河谷从东向西北方向有依连哈比尔尕山—博罗霍洛山—科古琴山,中部有乌孙山,从东向西南方向有那拉提山—哈尔克山—汗腾格里峰,伊犁河贯穿伊犁河谷。伊犁河谷具有"四峡三谷一盆地及一河谷平原"的独特地貌,伊犁谷地东、南、北三面均为高山环抱,西面敞开,西部河谷平原平均年降水量为200~400 mm,东部为300~500 mm,山区达400~600 mm,个别地区甚至达到800~1 000 mm。伊犁河谷地区面积约5.64万 km²,约占新疆总面积的3.39%;地貌以山地为主,山地面积占伊犁河谷地区面积的66.9%,丘陵面积占9.9%,平原面积占23.2%。根据土地资源利用方式来划分,草地占57.6%,耕地占18.7%,林地占12.1%,水域占6.4%,居民区和工矿用地占3.9%,未利用地占1.3%。伊犁河谷地区在行政上隶属于伊犁哈萨克自治州,涉及八县二市,分别为尼勒克县、伊宁县、霍城县、察布查尔锡伯自治县、新源县、巩留县、特克斯县、昭苏县和伊宁市、霍尔果斯市。

三、伊犁河谷生物多样性概况

1. 植物多样性

中华人民共和国成立之前,瑞典、英国等国的探险家曾经断断续续地调查过伊犁河谷植物资源;中华人民共和国成立后,对伊犁河谷植物多样性的研究步入发展期。据初步统计,天山托木尔峰有种子植物634种。估计目前伊犁河谷共有裸子植物3科3属10种,被子植物80科483属1 645种,其中双子叶植物66科399属1 303种,单子叶植物14科84属342种。伊犁河谷种子植物科、属、种的数目分别占新疆种子植物科、属、种总数的83.0%、68.0%和48.2%。表1-1-1是伊犁河谷常见植物名录。

表1-1-1 伊犁河谷常见植物名录

序号	所属科	中文名	学名	生活史	生长型
1	石松科	小杉兰	*Huperzia selago*	多年生	草本
2	石松科	石松	*Lycopodium japonicum*	多年生	草本
3	卷柏科	红枝卷柏	*Selaginella sanguinolenta*	多年生	草本
4	木贼科	问荆	*Equisetum arvense*	多年生	草本
5	木贼科	木贼	*Equisetum hyemale*	多年生	草本
6	木贼科	犬问荆	*Equisetum palustre*	多年生	草本
7	木贼科	草问荆	*Equisetum pratense*	多年生	草本
8	木贼科	节节草	*Equisetum ramosissimum*	多年生	草本
9	木贼科	蔺木贼	*Equisetum scirpoides*	多年生	草本
10	木贼科	林问荆	*Equisetum sylvaticum*	多年生	草本
11	瓶尔小草科	小阴地蕨	*Botrychium lunaria*	多年生	草本
12	凤尾蕨科	铁线蕨	*Adiantum capillus-veneris*	多年生	草本
13	冷蕨科	皱孢冷蕨	*Cystopteris dickieana*	多年生	草本
14	冷蕨科	冷蕨	*Cystopteris fragilis*	多年生	草本
15	冷蕨科	高山冷蕨	*Cystopteris montana*	多年生	草本
16	铁角蕨科	西藏铁角蕨	*Asplenium pseudofontanum*	多年生	草本

（续表）

序号	所属科	中文名	学名	生活史	生长型
17	铁角蕨科	卵叶铁角蕨	*Asplenium ruta-muraria*	多年生	草本
18	铁角蕨科	叉叶铁角蕨	*Asplenium septentrionale*	多年生	草本
19	铁角蕨科	铁角蕨	*Asplenium trichomanes*	多年生	草本
20	铁角蕨科	欧亚铁角蕨	*Asplenium viride*	多年生	草本
21	金星蕨科	沼泽蕨	*Thelypteris palustris*	多年生	草本
22	鳞毛蕨科	刺叶鳞毛蕨	*Dryopteris carthusiana*	多年生	草本
23	鳞毛蕨科	欧洲鳞毛蕨	*Dryopteris filix-mas*	多年生	草本
24	鳞毛蕨科	布朗耳蕨	*Polystichum braunii*	多年生	草本
25	鳞毛蕨科	矛状耳蕨	*Polystichum lonchitis*	多年生	草本
26	水龙骨科	欧亚多足蕨	*Polypodium vulgare*	多年生	草本
27	松科	落叶松	*Larix gmelinii*	多年生	乔木
28	松科	日本落叶松	*Larix kaempferi*	多年生	乔木
29	松科	黄花落叶松	*Larix olgensis*	多年生	乔木
30	松科	兴安鱼鳞云杉	*Picea jezoensis* var. *microsperma*	多年生	乔木
31	松科	雪岭云杉	*Picea schrenkiana*	多年生	乔木
32	松科	黑松	*Pinus thunbergii*	多年生	乔木
33	柏科	日本花柏	*Chamaecyparis pisifera*	多年生	乔木
34	柏科	羽叶花柏	*Chamaecyparis pisifera* 'Plumosa'	多年生	灌木
35	柏科	圆柏	*Juniperus chinensis*	多年生	乔木
36	柏科	西伯利亚刺柏	*Juniperus communis* var. *saxatilis*	多年生	灌木
37	柏科	新疆方枝柏	*Juniperus pseudosabina*	多年生	灌木
38	柏科	叉子圆柏	*Juniperus sabina*	多年生	灌木
39	柏科	高山柏	*Juniperus squamata*	多年生	灌木
40	柏科	水杉	*Metasequoia glyptostroboides*	多年生	乔木
41	柏科	北美香柏	*Thuja occidentalis*	多年生	乔木

(续表)

序号	所属科	中文名	学名	生活史	生长型
42	麻黄科	木贼麻黄	*Ephedra equisetina*	多年生	灌木
43	麻黄科	雌雄麻黄	*Ephedra fedtschenkoae*	多年生	灌木
44	麻黄科	中麻黄	*Ephedra intermedia*	多年生	灌木
45	麻黄科	窄膜麻黄	*Ephedra lomatolepis*	多年生	灌木
46	麻黄科	单子麻黄	*Ephedra monosperma*	多年生	灌木
47	麻黄科	细子麻黄	*Ephedra regeliana*	多年生	灌木
48	杨柳科	光皮银白杨	*Populus alba* var. *bachofenii*	多年生	乔木
49	杨柳科	新疆杨	*Populus alba* var. *pyramidalis*	多年生	乔木
50	杨柳科	伊犁杨	*Populus iliensis*	多年生	乔木
51	杨柳科	黑杨	*Populus nigra*	多年生	乔木
52	杨柳科	灰胡杨	*Populus pruinosa*	多年生	乔木
53	杨柳科	密叶杨	*Populus talassica*	多年生	乔木
54	杨柳科	毛白杨	*Populus tomentosa*	多年生	乔木
55	杨柳科	欧洲山杨	*Populus tremula*	多年生	乔木
56	杨柳科	阿拉套柳	*Salix alatavica*	多年生	灌木
57	杨柳科	银柳	*Salix argyracea*	多年生	灌木
58	杨柳科	黄线柳	*Salix blakii*	多年生	灌木
59	杨柳科	欧杞柳	*Salix caesia*	多年生	灌木
60	杨柳科	蓝叶柳	*Salix capusii*	多年生	灌木
61	杨柳科	灰柳	*Salix cinerea*	多年生	灌木
62	杨柳科	伊犁柳	*Salix iliensis*	多年生	灌木
63	杨柳科	枸子叶柳	*Salix karelinii*	多年生	灌木
64	杨柳科	旱柳	*Salix matsudana*	多年生	乔木
65	杨柳科	米黄柳	*Salix michelsonii*	多年生	灌木
66	杨柳科	鹿蹄柳	*Salix pyrolifolia*	多年生	乔木

(续表)

序号	所属科	中文名	学名	生活史	生长型
67	杨柳科	细叶沼柳	*Salix rosmarinifolia*	多年生	灌木
68	杨柳科	准噶尔柳	*Salix songarica*	多年生	乔木
69	杨柳科	细穗柳	*Salix tenuijulis*	多年生	灌木
70	杨柳科	天山柳	*Salix tianschanica*	多年生	灌木
71	杨柳科	吐兰柳	*Salix turanica*	多年生	灌木
72	杨柳科	线叶柳	*Salix wilhelmsiana*	多年生	乔木
73	胡桃科	胡桃	*Juglans regia*	多年生	乔木
74	胡桃科	枫杨	*Pterocarya stenoptera*	多年生	乔木
75	桦木科	天山桦	*Betula tianschanica*	多年生	乔木
76	桦木科	榛	*Corylus heterophylla*	多年生	乔木
77	壳斗科	夏栎	*Quercus robur*	多年生	乔木
78	榆科	圆冠榆	*Ulmus densa*	多年生	乔木
79	榆科	欧洲白榆	*Ulmus laevis*	多年生	乔木
80	榆科	榔榆	*Ulmus parvifolia*	多年生	乔木
81	桑科	无花果	*Ficus carica*	多年生	灌木
82	大麻科	啤酒花	*Humulus lupulus*	多年生	草本
83	荨麻科	麻叶荨麻	*Urtica cannabina*	多年生	草本
84	荨麻科	异株荨麻	*Urtica dioica*	多年生	草本
85	檀香科	阿拉套百蕊草	*Thesium alatavicum*	多年生	草本
86	檀香科	急折百蕊草	*Thesium refractum*	多年生	草本
87	蓼科	细枝木蓼	*Atraphaxis decipiens*	多年生	灌木
88	蓼科	木蓼	*Atraphaxis frutescens*	多年生	灌木
89	蓼科	绿叶木蓼	*Atraphaxis laetevirens*	多年生	灌木
90	蓼科	梨叶木蓼	*Atraphaxis pyrifolia*	多年生	灌木
91	蓼科	刺木蓼	*Atraphaxis spinosa*	多年生	灌木

(续表)

序号	所属科	中文名	学名	生活史	生长型
92	蓼科	无叶沙拐枣	*Calligonum aphyllum*	多年生	灌木
93	蓼科	密刺沙拐枣	*Calligonum densum*	多年生	灌木
94	蓼科	卷茎蓼	*Fallopia convolvulus*	一年生	草本
95	蓼科	山蓼	*Oxyria digyna*	多年生	草本
96	蓼科	萹蓄	*Polygonum aviculare*	一年生	草本
97	蓼科	岩萹蓄	*Polygonum cognatum*	多年生	草本
98	蓼科	针叶萹蓄	*Polygonum polycnemoides*	一年生	草本
99	蓼科	百里香叶蓼	*Polygonum thymifolium*	多年生	灌木
100	蓼科	枝穗大黄	*Rheum rhizostachyum*	多年生	草本
101	蓼科	天山大黄	*Rheum wittrockii*	多年生	草本
102	蓼科	酸模	*Rumex acetosa*	多年生	草本
103	蓼科	皱叶酸模	*Rumex crispus*	多年生	草本
104	蓼科	刺酸模	*Rumex maritimus*	一年生	草本
105	蓼科	中亚酸模	*Rumex popovii*	多年生	草本
106	蓼科	披针叶酸模	*Rumex pseudonatronatus*	多年生	草本
107	蓼科	天山酸模	*Rumex thianschanicus*	多年生	草本
108	苋科	腋花苋	*Amaranthus graecizans* subsp. *thellungianus*	一年生	草本
109	苋科	无叶假木贼	*Anabasis aphylla*	多年生	灌木
110	苋科	白垩假木贼	*Anabasis cretacea*	多年生	灌木
111	苋科	高枝假木贼	*Anabasis elatior*	多年生	灌木
112	苋科	长枝节节木	*Arthrophytum iliense*	多年生	灌木
113	苋科	长叶节节木	*Arthrophytum longibracteatum*	多年生	灌木
114	苋科	野榆钱菠菜	*Atriplex aucheri*	一年生	草本
115	苋科	滨藜	*Atriplex patens*	一年生	草本

(续表)

序号	所属科	中文名	学名	生活史	生长型
116	苋科	鞑靼滨藜	*Atriplex tatarica*	一年生	草本
117	苋科	疣苞滨藜	*Atriplex verrucifera*	多年生	灌木
118	苋科	草地滨藜	*Atriplex patula*	一年生	草本
119	苋科	戟叶滨藜	*Atriplex prostrata*	一年生	草本
120	苋科	杂配轴藜	*Axyris hybrida*	多年生	草本
121	苋科	木地肤	*Bassia prostrata*	多年生	灌木
122	苋科	地肤	*Bassia scoparia*	一年生	草本
123	苋科	球花藜	*Blitum virgatum*	一年生	草本
124	苋科	樟味藜	*Camphorosma monspeliaca*	多年生	灌木
125	苋科	角果藜	*Ceratocarpus arenarius*	一年生	草本
126	苋科	杂配藜	*Chenopodiastrum hybridum*	一年生	草本
127	苋科	藜	*Chenopodium album*	一年生	草本
128	苋科	小藜	*Chenopodium ficifolium*	一年生	草本
129	苋科	梯翅蓬	*Climacoptera lanata*	一年生	草本
130	苋科	钝叶梯翅蓬	*Climacoptera obtusifolia*	一年生	草本
131	苋科	长柱梯翅蓬	*Climacoptera sukaczevii*	一年生	草本
132	苋科	倒披针叶虫实	*Corispermum lehmannianum*	一年生	草本
133	苋科	香藜	*Dysphania botrys*	一年生	草本
134	苋科	盐节木	*Halocnemum strobilaceum*	多年生	灌木
135	苋科	蛛丝蓬	*Halogeton arachnoideus*	一年生	草本
136	苋科	盐穗木	*Halostachys caspica*	多年生	灌木
137	苋科	梭梭	*Haloxylon ammodendron*	多年生	乔木
138	苋科	对节刺	*Horaninovia ulicina*	一年生	草本
139	苋科	戈壁藜	*Iljinia regelii*	多年生	灌木
140	苋科	里海盐爪爪	*Kalidium caspicum*	多年生	灌木

(续表)

序号	所属科	中文名	学名	生活史	生长型
141	苋科	盐爪爪	*Kalidium foliatum*	多年生	灌木
142	苋科	驼绒藜	*Krascheninnikovia ceratoides*	多年生	灌木
143	苋科	心叶驼绒藜	*Krascheninnikovia ewersmannia*	多年生	灌木
144	苋科	小蓬	*Nanophyton erinaceum*	多年生	灌木
145	苋科	白枝猪毛菜	*Oreosalsola arbusculiformis*	多年生	灌木
146	苋科	市藜	*Oxybasis urbica*	一年生	草本
147	苋科	叉毛蓬	*Petrosimonia sibirica*	一年生	草本
148	苋科	猪毛菜	*Salsola collina*	一年生	草本
149	苋科	刺沙蓬	*Salsola tragus*	一年生	草本
150	苋科	浆果猪毛菜	*Soda foliosa*	一年生	草本
151	苋科	刺毛碱蓬	*Suaeda acuminata*	一年生	草本
152	苋科	亚麻叶碱蓬	*Suaeda linifolia*	一年生	草本
153	苋科	小叶碱蓬	*Suaeda microphylla*	多年生	灌木
154	苋科	囊果碱蓬	*Suaeda physophora*	多年生	灌木
155	苋科	纵翅碱蓬	*Suaeda pterantha*	一年生	草本
156	苋科	星花碱蓬	*Suaeda stellatiflora*	一年生	草本
157	苋科	刺藜	*Teloxys aristata*	一年生	草本
158	苋科	木猪毛菜	*Xylosalsola arbuscula*	多年生	灌木
159	商陆科	商陆	*Phytolacca acinosa*	多年生	草本
160	马齿苋科	马齿苋	*Portulaca oleracea*	一年生	草本
161	石竹科	刺石竹	*Acanthophyllum pungens*	多年生	草本
162	石竹科	麦仙翁	*Agrostemma githago*	一年生	草本
163	石竹科	无心菜	*Arenaria serpyllifolia*	一年生	草本
164	石竹科	高雪轮	*Atocion armeria*	一年生	草本
165	石竹科	原野卷耳	*Cerastium arvense*	多年生	草本

(续表)

序号	所属科	中文名	学名	生活史	生长型
166	石竹科	达乌里卷耳	*Cerastium davuricum*	多年生	草本
167	石竹科	镰刀叶卷耳	*Cerastium falcatum*	多年生	草本
168	石竹科	疏花卷耳	*Cerastium pauciflorum*	多年生	草本
169	石竹科	天山卷耳	*Cerastium tianschanicum*	多年生	草本
170	石竹科	二花丽漆姑	*Cherleria biflora*	多年生	草本
171	石竹科	针叶石竹	*Dianthus acicularis*	多年生	草本
172	石竹科	石竹	*Dianthus chinensis*	多年生	草本
173	石竹科	高石竹	*Dianthus elatus*	多年生	草本
174	石竹科	大苞石竹	*Dianthus hoeltzeri*	多年生	草本
175	石竹科	长萼石竹	*Dianthus kuschakewiczii*	多年生	草本
176	石竹科	繸裂石竹	*Dianthus orientalis*	多年生	草本
177	石竹科	准噶尔石竹	*Dianthus soongoricus*	多年生	草本
178	石竹科	瞿麦	*Dianthus superbus*	多年生	草本
179	石竹科	细茎石竹	*Dianthus turkestanicus*	多年生	草本
180	石竹科	六齿卷耳	*Dichodon cerastoides*	多年生	草本
181	石竹科	高石头花	*Gypsophila altissima*	多年生	草本
182	石竹科	头状石头花	*Gypsophila capituliflora*	多年生	草本
183	石竹科	膜苞石头花	*Gypsophila cephalotes*	多年生	草本
184	石竹科	圆锥石头花	*Gypsophila paniculata*	多年生	草本
185	石竹科	紫萼石头花	*Gypsophila patrinii*	多年生	草本
186	石竹科	钝叶石头花	*Gypsophila perfoliata*	多年生	草本
187	石竹科	麦蓝菜	*Gypsophila vaccaria*	一年生	草本
188	石竹科	薄蒴草	*Lepyrodiclis holosteoides*	一年生	草本
189	石竹科	腺毛米努草	*Minuartia helmii*	多年生	草本
190	石竹科	种阜草	*Moehringia lateriflora*	多年生	草本

(续表)

序号	所属科	中文名	学名	生活史	生长型
191	石竹科	三脉种阜草	*Moehringia trinervia*	二年生	草本
192	石竹科	新疆种阜草	*Moehringia umbrosa*	多年生	草本
193	石竹科	直立膜萼花	*Petrorhagia alpina*	一年生	草本
194	石竹科	新疆山漆姑	*Sabulina kryloviana*	多年生	草本
195	石竹科	短瓣山漆姑	*Sabulina regeliana*	一年生	草本
196	石竹科	春山漆姑	*Sabulina verna*	多年生	草本
197	石竹科	斋桑蝇子草	*Silene alexandrae*	多年生	草本
198	石竹科	阿尔泰蝇子草	*Silene altaica*	多年生	草本
199	石竹科	女娄菜	*Silene aprica*	二年生	草本
200	石竹科	暗色蝇子草	*Silene bungei*	多年生	草本
201	石竹科	皱叶剪秋罗	*Silene chalcedonica*	多年生	草本
202	石竹科	条叶蝇子草	*Silene gebleriana*	多年生	草本
203	石竹科	禾叶蝇子草	*Silene graminifolia*	多年生	草本
204	石竹科	霍城蝇子草	*Silene huochenensis*	多年生	草本
205	石竹科	轮伞蝇子草	*Silene komarovii*	多年生	草本
206	石竹科	白花蝇子草	*Silene latifolia* subsp. *alba*	二年生	草本
207	石竹科	林奈蝇子草	*Silene linnaeana*	多年生	草本
208	石竹科	喜岩蝇子草	*Silene lithophila*	多年生	草本
209	石竹科	香蝇子草	*Silene odoratissima*	多年生	草本
210	石竹科	沙生蝇子草	*Silene olgiana*	多年生	草本
211	石竹科	宽叶蝇子草	*Silene platyphylla*	多年生	草本
212	石竹科	昭苏蝇子草	*Silene pseudotenuis*	多年生	草本
213	石竹科	四裂蝇子草	*Silene quadriloba*	二年生	草本
214	石竹科	蔓茎蝇子草	*Silene repens*	多年生	草本
215	石竹科	准噶尔蝇子草	*Silene songarica*	多年生	草本

(续表)

序号	所属科	中文名	学名	生活史	生长型
216	石竹科	天山蝇子草	*Silene tianschanica*	多年生	草本
217	石竹科	白玉草	*Silene vulgaris*	多年生	草本
218	石竹科	伏尔加蝇子草	*Silene wolgensis*	二年生	草本
219	石竹科	二蕊牛漆姑	*Spergularia diandra*	一年生	草本
220	石竹科	牛漆姑	*Spergularia marina*	一年生	草本
221	石竹科	翻白繁缕	*Stellaria discolor*	多年生	草本
222	石竹科	禾叶繁缕	*Stellaria graminea*	多年生	草本
223	石竹科	繁缕	*Stellaria media*	二年生	草本
224	石竹科	准噶尔繁缕	*Stellaria soongorica*	多年生	草本
225	石竹科	伞花繁缕	*Stellaria umbellata*	多年生	草本
226	毛茛科	空茎乌头	*Aconitum apetalum*	多年生	草本
227	毛茛科	多根乌头	*Aconitum karakolicum*	多年生	草本
228	毛茛科	白喉乌头	*Aconitum leucostomum*	多年生	草本
229	毛茛科	林地乌头	*Aconitum nemorum*	多年生	草本
230	毛茛科	圆叶乌头	*Aconitum rotundifolium*	多年生	草本
231	毛茛科	伊犁乌头	*Aconitum talassicum* var. *villosulum*	多年生	草本
232	毛茛科	夏侧金盏花	*Adonis aestivalis*	一年生	草本
233	毛茛科	小侧金盏花	*Adonis aestivalis* var. *parviflora*	一年生	草本
234	毛茛科	金黄侧金盏花	*Adonis chrysocyathus*	多年生	草本
235	毛茛科	天山侧金盏花	*Adonis tianschanica*	多年生	草本
236	毛茛科	水仙状银莲花	*Anemone narcissiflora*	多年生	草本
237	毛茛科	长毛银莲花	*Anemone narcissiflora* subsp. *crinita*	多年生	草本
238	毛茛科	伏毛银莲花	*Anemone narcissiflora* subsp. *protracta*	多年生	草本
239	毛茛科	小花草玉梅	*Anemone rivularis* var. *flore-minore*	多年生	草本

(续表)

序号	所属科	中文名	学名	生活史	生长型
240	毛茛科	暗紫耧斗菜	*Aquilegia atrovinosa*	多年生	草本
241	毛茛科	大花耧斗菜	*Aquilegia glandulosa*	多年生	草本
242	毛茛科	长距耧斗菜	*Aquilegia longissima*	多年生	草本
243	毛茛科	厚叶美花草	*Callianthemum alatavicum*	多年生	草本
244	毛茛科	角果毛茛	*Ceratocephala testiculata*	一年生	草本
245	毛茛科	伊犁铁线莲	*Clematis iliensis*	多年生	藤本
246	毛茛科	东方铁线莲	*Clematis orientalis*	多年生	藤本
247	毛茛科	西伯利亚铁线莲	*Clematis sibirica*	多年生	藤本
248	毛茛科	准噶尔铁线莲	*Clematis songorica*	多年生	灌木
249	毛茛科	凸脉飞燕草	*Consolida rugulosa*	多年生	草本
250	毛茛科	三出翠雀花	*Delphinium biternatum*	多年生	草本
251	毛茛科	伊犁翠雀花	*Delphinium iliense*	多年生	草本
252	毛茛科	新源翠雀花	*Delphinium mollifolium*	多年生	草本
253	毛茛科	船苞翠雀花	*Delphinium naviculare*	多年生	草本
254	毛茛科	文采翠雀花	*Delphinium wentsaii*	多年生	草本
255	毛茛科	温泉翠雀花	*Delphinium winklerianum*	多年生	草本
256	毛茛科	碱毛茛	*Halerpestes sarmentosa*	多年生	草本
257	毛茛科	乳突拟耧斗菜	*Paraquilegia anemonoides*	多年生	草本
258	毛茛科	扁果草	*Paropyrum anemonoides*	多年生	草本
259	毛茛科	钟萼白头翁	*Pulsatilla campanella*	多年生	草本
260	毛茛科	宽瓣毛茛	*Ranunculus albertii*	多年生	草本
261	毛茛科	阿尔泰毛茛	*Ranunculus altaicus*	多年生	草本
262	毛茛科	鸟足毛茛	*Ranunculus brotherusii*	多年生	草本
263	毛茛科	茴茴蒜	*Ranunculus chinensis*	一年生	草本
264	毛茛科	冷地毛茛	*Ranunculus gelidus*	多年生	草本

(续表)

序号	所属科	中文名	学名	生活史	生长型
265	毛茛科	大叶毛茛	*Ranunculus grandifolius*	多年生	草本
266	毛茛科	短喙毛茛	*Ranunculus meyerianus*	多年生	草本
267	毛茛科	单叶毛茛	*Ranunculus monophyllus*	多年生	草本
268	毛茛科	长茎毛茛	*Ranunculus nephelogenes* var. *longicaulis*	多年生	草本
269	毛茛科	裂叶毛茛	*Ranunculus pedatifidus*	多年生	草本
270	毛茛科	宽翅毛茛	*Ranunculus platyspermus*	多年生	草本
271	毛茛科	多花毛茛	*Ranunculus polyanthemos*	多年生	草本
272	毛茛科	多根毛茛	*Ranunculus polyrhizos*	多年生	草本
273	毛茛科	沼地毛茛	*Ranunculus radicans*	多年生	草本
274	毛茛科	扁果毛茛	*Ranunculus regelianus*	多年生	草本
275	毛茛科	匍枝毛茛	*Ranunculus repens*	多年生	草本
276	毛茛科	掌裂毛茛	*Ranunculus rigescens*	多年生	草本
277	毛茛科	红萼毛茛	*Ranunculus rubrocalyx*	多年生	草本
278	毛茛科	石龙芮	*Ranunculus sceleratus*	一年生	草本
279	毛茛科	新疆毛茛	*Ranunculus songoricus*	多年生	草本
280	毛茛科	毛托毛茛	*Ranunculus trautvetterianus*	多年生	草本
281	毛茛科	紫堇叶唐松草	*Thalictrum isopyroides*	多年生	草本
282	毛茛科	亚欧唐松草	*Thalictrum minus*	多年生	草本
283	毛茛科	长梗亚欧唐松草	*Thalictrum minus* var. *kemense*	多年生	草本
284	毛茛科	瓣蕊唐松草	*Thalictrum petaloideum*	多年生	草本
285	毛茛科	箭头唐松草	*Thalictrum simplex*	多年生	草本
286	毛茛科	阿尔泰金莲花	*Trollius altaicus*	多年生	草本
287	毛茛科	准噶尔金莲花	*Trollius dschungaricus*	多年生	草本
288	毛茛科	淡紫金莲花	*Trollius lilacinus*	多年生	草本

(续表)

序号	所属科	中文名	学名	生活史	生长型
289	芍药科	窄叶芍药	*Paeonia anomala*	多年生	草本
290	小檗科	黑果小檗	*Berberis atrocarpa*	多年生	灌木
291	小檗科	圆叶小檗	*Berberis nummularia*	多年生	灌木
292	罂粟科	白屈菜	*Chelidonium majus*	多年生	草本
293	罂粟科	新疆元胡	*Corydalis glaucescens*	多年生	草本
294	罂粟科	新疆黄堇	*Corydalis gortschakovii*	多年生	草本
295	罂粟科	薯根延胡索	*Corydalis ledebouriana*	多年生	草本
296	罂粟科	长距元胡	*Corydalis schanginii*	多年生	草本
297	罂粟科	中亚黄堇	*Corydalis semenowii*	多年生	草本
298	罂粟科	大苞延胡索	*Corydalis sewerzovi*	多年生	草本
299	罂粟科	烟堇	*Fumaria schleicheri*	一年生	草本
300	罂粟科	短梗烟堇	*Fumaria vaillantii*	一年生	草本
301	罂粟科	新疆海罂粟	*Glaucium squamigerum*	二年生	草本
302	罂粟科	角茴香	*Hypecoum erectum*	一年生	草本
303	罂粟科	小花角茴香	*Hypecoum parviflorum*	一年生	草本
304	罂粟科	橙黄高山罂粟	*Oreomecon crocea*	多年生	草本
305	罂粟科	灰毛罂粟	*Papaver canescens*	多年生	草本
306	罂粟科	黑环罂粟	*Papaver pavoninum*	一年生	草本
307	罂粟科	紫花疆罂粟	*Roemeria hybrida*	一年生	草本
308	山柑科	刺山柑	*Capparis spinosa*	多年生	灌木
309	十字花科	粗果庭荠	*Alyssum dasycarpum*	一年生	草本
310	十字花科	庭荠	*Alyssum desertorum*	一年生	草本
311	十字花科	北方庭荠	*Alyssum lenense*	多年生	草本
312	十字花科	耳叶南芥	*Arabis auriculata*	一年生	草本
313	十字花科	新疆南芥	*Arabis borealis*	一年生	草本

(续表)

序号	所属科	中文名	学名	生活史	生长型
314	十字花科	山芥	*Barbarea orthoceras*	二年生	草本
315	十字花科	欧洲山芥	*Barbarea vulgaris*	二年生	草本
316	十字花科	团扇荠	*Berteroa incana*	二年生	草本
317	十字花科	小果亚麻荠	*Camelina microcarpa*	一年生	草本
318	十字花科	荠	*Capsella bursa-pastoris*	一年生或二年生	草本
319	十字花科	弹裂碎米荠	*Cardamine impatiens*	一年生	草本
320	十字花科	大叶碎米荠	*Cardamine macrophylla*	多年生	草本
321	十字花科	垂果南芥	*Catolobus pendulus*	二年生	草本
322	十字花科	高山离子芥	*Chorispora bungeana*	多年生	草本
323	十字花科	具毛离子芥	*Chorispora greigii*	一年生	草本
324	十字花科	西伯利亚离子芥	*Chorispora sibirica*	一年生	草本
325	十字花科	离子芥	*Chorispora tenella*	一年生	草本
326	十字花科	两节荠	*Crambe kotschyana*	多年生	草本
327	十字花科	木南芥	*Dendroarabis fruticulosa*	多年生	灌木
328	十字花科	播娘蒿	*Descurainia sophia*	一年生	草本
329	十字花科	异果芥	*Diptychocarpus strictus*	一年生	草本
330	十字花科	苞序葶苈	*Draba ladyginii*	多年生	草本
331	十字花科	锥果葶苈	*Draba lanceolata*	二年生	草本
332	十字花科	葶苈	*Draba nemorosa*	一年生或二年生	草本
333	十字花科	喜山葶苈	*Draba oreades*	多年生	草本
334	十字花科	伊宁葶苈	*Draba stylaris*	多年生或二年生	草本
335	十字花科	微柱葶苈	*Draba turczaninowii*	多年生	草本
336	十字花科	西藏葶苈	*Draba tibetica*	多年生	草本

(续表)

序号	所属科	中文名	学名	生活史	生长型
337	十字花科	芝麻菜	*Eruca vesicaria* subsp. *sativa*	一年生	草本
338	十字花科	小花糖芥	*Erysimum cheiranthoides*	一年生	草本
339	十字花科	灰毛糖芥	*Erysimum diffusum*	二年生	草本
340	十字花科	阿尔泰糖芥	*Erysimum flavum* subsp. *altaicum*	多年生	草本
341	十字花科	星毛糖芥	*Erysimum hieraciifolium*	二年生	草本
342	十字花科	鸟头荠	*Euclidium syriacum*	一年生	草本
343	十字花科	沟子荠	*Eutrema altaicum*	多年生	草本
344	十字花科	密序山萮菜	*Eutrema heterophyllum*	多年生	草本
345	十字花科	全缘叶山萮菜	*Eutrema integrifolium*	多年生	草本
346	十字花科	四棱荠	*Goldbachia laevigata*	一年生	草本
347	十字花科	薄果荠	*Hornungia procumbens*	一年生	草本
348	十字花科	线果芥	*Iljinskaea planisiliqua*	一年生	草本
349	十字花科	三肋菘蓝	*Isatis costata*	二年生	草本
350	十字花科	毛果菘蓝	*Isatis tinctoria* var. *praecox*	多年生	草本
351	十字花科	天山光籽芥	*Leiospora beketovii*	多年生	草本
352	十字花科	独行菜	*Lepidium apetalum*	二年生	草本
353	十字花科	球果群心菜	*Lepidium chalepense*	多年生	草本
354	十字花科	群心菜	*Lepidium draba*	多年生	草本
355	十字花科	宽叶独行菜	*Lepidium latifolium*	多年生	草本
356	十字花科	钝叶独行菜	*Lepidium obtusum*	多年生	草本
357	十字花科	抱茎独行菜	*Lepidium perfoliatum*	二年生	草本
358	十字花科	毛果群心菜	*Lepidium appelianum*	多年生	草本
359	十字花科	脱喙荠	*Litwinowia tenuissima*	一年生	草本
360	十字花科	条叶庭荠	*Meniocus linifolius*	一年生	草本
361	十字花科	球果荠	*Neslia paniculata*	一年生	草本

（续表）

序号	所属科	中文名	学名	生活史	生长型
362	十字花科	裸茎条果芥	*Parrya nudicaulis*	多年生	草本
363	十字花科	有毛条果芥	*Parrya pinnatifida* var. *hirsuta*	多年生	灌木
364	十字花科	新疆白芥	*Rhamphospermum arvense*	二年生	草本
365	十字花科	沼生蔊菜	*Rorippa palustris*	二年生	草本
366	十字花科	欧亚蔊菜	*Rorippa sylvestris*	二年生到多年生	草本
367	十字花科	甘新念珠芥	*Rudolf-kamelinia korolkowii*	一年生	草本
368	十字花科	白芥	*Sinapis alba*	一年生	草本
369	十字花科	大蒜芥	*Sisymbrium altissimum*	二年生	草本
370	十字花科	无毛大蒜芥	*Sisymbrium brassiciforme*	二年生	草本
371	十字花科	垂果大蒜芥	*Sisymbrium heteromallum*	二年生	草本
372	十字花科	水蒜芥	*Sisymbrium irio*	一年生	草本
373	十字花科	多型大蒜芥	*Sisymbrium polymorphum*	多年生	草本
374	十字花科	涩芥	*Strigosella africana*	二年生	草本
375	十字花科	四齿芥	*Tetracme quadricornis*	一年生	草本
376	十字花科	菥蓂	*Thlaspi arvense*	一年生	草本
377	十字花科	新疆菥蓂	*Thlaspi ferganense*	二年生	草本
378	十字花科	旗杆芥	*Turritis glabra*	二年生	草本
379	景天科	圆叶八宝	*Hylotelephium ewersii*	多年生	草本
380	景天科	小苞瓦松	*Orostachys thyrsiflora*	二年生	草本
381	景天科	杂交费菜	*Phedimus hybridus*	多年生	草本
382	景天科	合景天	*Pseudosedum lievenii*	多年生	草本
383	景天科	长鳞红景天	*Rhodiola gelida*	多年生	草本
384	景天科	狭叶红景天	*Rhodiola kirilowii*	多年生	草本
385	景天科	四裂红景天	*Rhodiola quadrifida*	多年生	草本

(续表)

序号	所属科	中文名	学名	生活史	生长型
386	景天科	红景天	*Rhodiola rosea*	多年生	草本
387	景天科	长叶瓦莲	*Rosularia alpestris*	多年生	草本
388	景天科	卵叶瓦莲	*Rosularia platyphylla*	多年生	草本
389	景天科	白花景天	*Sedum albertii*	多年生	草本
390	虎耳草科	长梗金腰	*Chrysosplenium axillare*	多年生	草本
391	虎耳草科	裸茎金腰	*Chrysosplenium nudicaule*	多年生	草本
392	虎耳草科	细叉梅花草	*Parnassia oreophila*	多年生	草本
393	虎耳草科	零余虎耳草	*Saxifraga cernua*	多年生	草本
394	虎耳草科	山羊臭虎耳草	*Saxifraga hirculus*	多年生	草本
395	虎耳草科	球茎虎耳草	*Saxifraga sibirica*	多年生	草本
396	梅花草科	双叶梅花草	*Parnassia bifolia*	多年生	草本
397	梅花草科	新疆梅花草	*Parnassia laxmannii*	多年生	草本
398	梅花草科	梅花草	*Parnassia palustris*	多年生	草本
399	茶藨子科	圆叶茶藨子	*Ribes heterotrichum*	多年生	灌木
400	茶藨子科	天山茶藨子	*Ribes meyeri*	多年生	灌木
401	茶藨子科	黑茶藨子	*Ribes nigrum*	多年生	灌木
402	茶藨子科	美丽茶藨子	*Ribes pulchellum*	多年生	灌木
403	悬铃木科	二球悬铃木	*Platanus acerifolia*	多年生	乔木
404	悬铃木科	一球悬铃木	*Platanus occidentalis*	多年生	乔木
405	悬铃木科	三球悬铃木	*Platanus orientalis*	多年生	乔木
406	蔷薇科	大花龙牙草	*Agrimonia eupatoria* subsp. *asiatica*	多年生	草本
407	蔷薇科	光柄羽衣草	*Alchemilla krylovii*	多年生	草本
408	蔷薇科	天山羽衣草	*Alchemilla tianschanica*	多年生	草本
409	蔷薇科	西北沼委陵菜	*Comarum salesovianum*	多年生	半灌木
410	蔷薇科	异花栒子	*Cotoneaster allochrous*	多年生	灌木

(续表)

序号	所属科	中文名	学名	生活史	生长型
411	蔷薇科	大果栒子	*Cotoneaster conspicuus*	多年生	灌木
412	蔷薇科	黑果栒子	*Cotoneaster melanocarpus*	多年生	灌木
413	蔷薇科	少花栒子	*Cotoneaster oliganthus*	多年生	灌木
414	蔷薇科	梨果栒子	*Cotoneaster roborowskii*	多年生	灌木
415	蔷薇科	毛叶水栒子	*Cotoneaster submultiflorus*	多年生	灌木
416	蔷薇科	准噶尔山楂	*Crataegus songarica*	多年生	乔木
417	蔷薇科	金露梅	*Dasiphora fruticosa*	多年生	灌木
418	蔷薇科	蕨叶蚊子草	*Filipendula vulgaris*	多年生	草本
419	蔷薇科	野草莓	*Fragaria vesca*	多年生	草本
420	蔷薇科	绿草莓	*Fragaria viridis*	多年生	草本
421	蔷薇科	紫萼路边青	*Geum rivale*	多年生	草本
422	蔷薇科	新疆野苹果	*Malus sieversii*	多年生	乔木
423	蔷薇科	银背委陵菜	*Potentilla argentea*	多年生	草本
424	蔷薇科	黄花委陵菜	*Potentilla chrysantha*	多年生	草本
425	蔷薇科	大萼委陵菜	*Potentilla conferta*	多年生	草本
426	蔷薇科	耐寒委陵菜	*Potentilla gelida*	多年生	草本
427	蔷薇科	腺毛委陵菜	*Potentilla longifolia*	多年生	草本
428	蔷薇科	矮生多裂委陵菜	*Potentilla multifida* var. *minor*	多年生	草本
429	蔷薇科	显脉委陵菜	*Potentilla nervosa*	多年生	草本
430	蔷薇科	雪白委陵菜	*Potentilla nivea*	多年生	草本
431	蔷薇科	直立委陵菜	*Potentilla recta*	多年生	草本
432	蔷薇科	匍匐委陵菜	*Potentilla reptans*	多年生	草本
433	蔷薇科	绢毛委陵菜	*Potentilla sericea*	多年生	草本
434	蔷薇科	准噶尔委陵菜	*Potentilla soongarica*	多年生	草本
435	蔷薇科	朝天委陵菜	*Potentilla supina*	二年生	草本

(续表)

序号	所属科	中文名	学名	生活史	生长型
436	蔷薇科	杏	*Prunus armeniaca*	多年生	乔木
437	蔷薇科	樱桃李	*Prunus cerasifera*	多年生	灌木
438	蔷薇科	稠李	*Prunus padus*	多年生	乔木
439	蔷薇科	白梨	*Pyrus bretschneideri*	多年生	乔木
440	蔷薇科	新疆梨	*Pyrus sinkiangensis*	多年生	乔木
441	蔷薇科	刺蔷薇	*Rosa acicularis*	多年生	灌木
442	蔷薇科	腺齿蔷薇	*Rosa albertii*	多年生	灌木
443	蔷薇科	小檗叶蔷薇	*Rosa berberifolia*	多年生	灌木
444	蔷薇科	伊犁蔷薇	*Rosa iliensis*	多年生	灌木
445	蔷薇科	疏花蔷薇	*Rosa laxa*	多年生	灌木
446	蔷薇科	矮蔷薇	*Rosa nanothamnus*	多年生	灌木
447	蔷薇科	欧洲木莓	*Rubus caesius*	多年生	灌木
448	蔷薇科	覆盆子	*Rubus idaeus*	多年生	灌木
449	蔷薇科	库页悬钩子	*Rubus sachalinensis*	多年生	灌木
450	蔷薇科	石生悬钩子	*Rubus saxatilis*	多年生	草本
451	蔷薇科	高山地榆	*Sanguisorba alpina*	多年生	草本
452	蔷薇科	地榆	*Sanguisorba officinalis*	多年生	草本
453	蔷薇科	鸡冠茶	*Sibbaldianthe bifurca*	多年生	草本
454	蔷薇科	太白花楸	*Sorbus tapashana*	多年生	乔木
455	蔷薇科	石蚕叶绣线菊	*Spiraea chamaedryfolia*	多年生	灌木
456	蔷薇科	金丝桃叶绣线菊	*Spiraea hypericifolia*	多年生	灌木
457	蔷薇科	天山绣线菊	*Spiraea tianschanica*	多年生	灌木
458	酢浆草科	酢浆草	*Oxalis corniculata*	多年生	草本
459	牻牛儿苗科	芹叶牻牛儿苗	*Erodium cicutarium*	二年生	草本
460	牻牛儿苗科	丘陵老鹳草	*Geranium collinum*	多年生	草本

(续表)

序号	所属科	中文名	学名	生活史	生长型
461	牻牛儿苗科	草地老鹳草	*Geranium pratense*	多年生	草本
462	牻牛儿苗科	直立老鹳草	*Geranium rectum*	多年生	草本
463	牻牛儿苗科	汉荭鱼腥草	*Geranium robertianum*	一年生	草本
464	牻牛儿苗科	林地老鹳草	*Geranium sylvaticum*	多年生	草本
465	牻牛儿苗科	新疆老鹳草	*Geranium xinjiangense*	多年生	草本
466	白刺科	小果白刺	*Nitraria sibirica*	多年生	灌木
467	蒺藜科	驼蹄瓣	*Zygophyllum fabago*	多年生	草本
468	蒺藜科	拟豆叶驼蹄瓣	*Zygophyllum fabagoides*	多年生	草本
469	蒺藜科	伊犁驼蹄瓣	*Zygophyllum iliense*	多年生	草本
470	蒺藜科	速生霸王	*Zygophyllum lehmannianum*	一年生	草本
471	蒺藜科	大叶驼蹄瓣	*Zygophyllum macropodum*	多年生	草本
472	蒺藜科	大翅驼蹄瓣	*Zygophyllum macropterum*	多年生	草本
473	蒺藜科	长梗驼蹄瓣	*Zygophyllum obliquum*	多年生	草本
474	蒺藜科	翼果驼蹄瓣	*Zygophyllum pterocarpum*	多年生	草本
475	芸香科	新疆白鲜	*Dictamnus angustifolius*	多年生	草本
476	芸香科	大叶芸香	*Haplophyllum acutifolium*	多年生	草本
477	苦木科	臭椿	*Ailanthus altissima*	多年生	乔木
478	远志科	新疆远志	*Polygala hybrida*	多年生	草本
479	大戟科	沙戟	*Chrozophora sabulosa*	一年生	草本
480	大戟科	阿拉套大戟	*Euphorbia alatavica*	多年生	草本
481	大戟科	乳浆大戟	*Euphorbia esula*	多年生	草本
482	大戟科	土库曼大戟	*Euphorbia granulata*	一年生	草本
483	大戟科	湖北大戟	*Euphorbia hylonoma*	多年生	草本
484	大戟科	英德尔大戟	*Euphorbia inderiensis*	一年生	草本

(续表)

序号	所属科	中文名	学名	生活史	生长型
485	大戟科	宽叶大戟	*Euphorbia latifolia*	多年生	草本
486	大戟科	长根大戟	*Euphorbia pachyrrhiza*	多年生	草本
487	大戟科	小萝卜大戟	*Euphorbia rapulum*	多年生	草本
488	大戟科	塔拉斯大戟	*Euphorbia talastavica*	多年生	草本
489	大戟科	土大戟	*Euphorbia turczaninowii*	一年生	草本
490	大戟科	中亚大戟	*Euphorbia turkestanica*	一年生	草本
491	大戟科	乌拉尔大戟	*Euphorbia uralensis*	多年生	草本
492	卫矛科	中亚卫矛	*Euonymus semenovii*	多年生	灌木
493	无患子科	五角槭	*Acer pictum* subsp. *mono*	多年生	乔木
494	无患子科	挪威槭	*Acer platanoides*	多年生	乔木
495	无患子科	元宝槭	*Acer truncatum*	多年生	乔木
496	无患子科	天山槭	*Acer tataricum* subsp. *semenovii*	多年生	乔木
497	凤仙花科	短距凤仙花	*Impatiens brachycentra*	一年生	草本
498	鼠李科	药鼠李	*Rhamnus cathartica*	多年生	灌木
499	鼠李科	新疆鼠李	*Rhamnus songorica*	多年生	灌木
500	葡萄科	五叶地锦	*Parthenocissus quinquefolia*	多年生	藤本
501	锦葵科	裸花蜀葵	*Alcea nudiflora*	二年生	草本
502	锦葵科	药葵	*Althaea officinalis*	多年生	草本
503	锦葵科	圆叶锦葵	*Malva pusilla*	多年生	草本
504	锦葵科	野葵	*Malva verticillata*	二年生	草本
505	锦葵科	心叶椴	*Tilia cordata*	多年生	乔木
506	金丝桃科	毛金丝桃	*Hypericum hirsutum*	多年生	草本
507	金丝桃科	贯叶连翘	*Hypericum perforatum*	多年生	草本
508	柽柳科	宽苞水柏枝	*Myricaria bracteata*	多年生	灌木
509	柽柳科	具鳞水柏枝	*Myricaria squamosa*	多年生	灌木

（续表）

序号	所属科	中文名	学名	生活史	生长型
510	柽柳科	红砂	*Reaumuria songarica*	多年生	灌木
511	柽柳科	短穗柽柳	*Tamarix laxa*	多年生	灌木
512	半日花科	半日花	*Helianthemum songaricum*	多年生	灌木
513	堇菜科	尖叶堇菜	*Viola acutifolia*	多年生	草本
514	堇菜科	阿尔泰堇菜	*Viola altaica*	多年生	草本
515	堇菜科	球果堇菜	*Viola collina*	多年生	草本
516	堇菜科	硬毛堇菜	*Viola hirta*	多年生	草本
517	堇菜科	西藏堇菜	*Viola kunawarensis*	多年生	草本
518	堇菜科	大距堇菜	*Viola macroceras*	多年生	草本
519	堇菜科	高堇菜	*Viola montana*	多年生	草本
520	堇菜科	石生堇菜	*Viola rupestris*	多年生	草本
521	堇菜科	甜香堇菜	*Viola suavis*	多年生	草本
522	堇菜科	三色堇	*Viola tricolor*	二年生	草本
523	瑞香科	阿尔泰瑞香	*Daphne altaica*	多年生	灌木
524	瑞香科	阿尔泰假狼毒	*Diarthron altaicum*	多年生	草本
525	瑞香科	天山假狼毒	*Diarthron tianschanicum*	多年生	草本
526	瑞香科	囊管草瑞香	*Diarthron vesiculosum*	一年生	草本
527	瑞香科	欧瑞香	*Thymelaea passerina*	一年生	草本
528	胡颓子科	沙棘	*Hippophae rhamnoides*	多年生	灌木
529	千屈菜科	千屈菜	*Lythrum salicaria*	多年生	草本
530	千屈菜科	帚枝千屈菜	*Lythrum virgatum*	多年生	灌木
531	柳叶菜科	柳兰	*Chamerion angustifolium*	多年生	草本
532	柳叶菜科	高山露珠草	*Circaea alpina*	多年生	草本
533	柳叶菜科	毛脉柳叶菜	*Epilobium amurense*	多年生	草本
534	柳叶菜科	圆柱柳叶菜	*Epilobium cylindricum*	多年生	草本

(续表)

序号	所属科	中文名	学名	生活史	生长型
535	柳叶菜科	柳叶菜	*Epilobium hirsutum*	多年生	草本
536	柳叶菜科	细籽柳叶菜	*Epilobium minutiflorum*	多年生	草本
537	柳叶菜科	沼生柳叶菜	*Epilobium palustre*	多年生	草本
538	杜鹃花科	北极果	*Arctous alpinus*	多年生	灌木
539	杜鹃花科	松下兰	*Hypopitys monotropa*	多年生	草本
540	杜鹃花科	独丽花	*Moneses uniflora*	多年生	半灌木
541	杜鹃花科	钝叶单侧花	*Orthilia obtusata*	多年生	半灌木
542	杜鹃花科	单侧花	*Orthilia secunda*	多年生	半灌木
543	杜鹃花科	短柱鹿蹄草	*Pyrola minor*	多年生	半灌木
544	杜鹃花科	圆叶鹿蹄草	*Pyrola rotundifolia*	多年生	半灌木
545	报春花科	绢毛点地梅	*Androsace nortonii*	多年生	草本
546	报春花科	天山点地梅	*Androsace ovczinnikovii*	多年生	草本
547	报春花科	短葶北点地梅	*Androsace septentrionalis* var. *breviscapa*	一年生	草本
548	报春花科	金钟报春	*Kaufmannia semenovii*	多年生	草本
549	报春花科	毛黄连花	*Lysimachia vulgaris*	多年生	草本
550	报春花科	寒地报春	*Primula algida*	多年生	草本
551	报春花科	长葶报春	*Primula longiscapa*	多年生	草本
552	报春花科	雪山报春	*Primula nivalis*	多年生	草本
553	报春花科	准噶尔报春	*Primula nivalis* var. *farinosa*	多年生	草本
554	报春花科	天山报春	*Primula nutans*	多年生	草本
555	白花丹科	疏花驼舌草	*Goniolimon callicomum*	多年生	草本
556	白花丹科	大叶驼舌草	*Goniolimon dschungaricum*	多年生	草本
557	白花丹科	团花驼舌草	*Goniolimon eximium*	多年生	草本
558	白花丹科	驼舌草	*Goniolimon speciosum*	多年生	草本

(续表)

序号	所属科	中文名	学名	生活史	生长型
559	白花丹科	伊犁花	*Goniolimon kaufmannianum*	多年生	草本
560	白花丹科	直秆驼舌草	*Goniolimon speciosum* var. *strictum*	多年生	草本
561	白花丹科	珊瑚补血草	*Limonium coralloides*	多年生	草本
562	白花丹科	大叶补血草	*Limonium gmelinii*	多年生	草本
563	白花丹科	繁枝补血草	*Limonium myrianthum*	多年生	草本
564	白花丹科	木本补血草	*Limonium suffruticosum*	多年生	灌木
565	木樨科	美国红梣	*Fraxinus pennsylvanica*	多年生	乔木
566	木樨科	天山梣	*Fraxinus sogdiana*	多年生	乔木
567	木樨科	北京丁香	*Syringa reticulata* subsp. *pekinensis*	多年生	灌木
568	木樨科	红丁香	*Syringa villosa*	多年生	灌木
569	龙胆科	美丽百金花	*Centaurium pulchellum*	一年生	草本
570	龙胆科	镰萼喉毛花	*Comastoma falcatum*	一年生	草本
571	龙胆科	高山龙胆	*Gentiana algida*	多年生	草本
572	龙胆科	水生龙胆	*Gentiana aquatica*	一年生	草本
573	龙胆科	斜升秦艽	*Gentiana decumbens*	多年生	草本
574	龙胆科	中亚秦艽	*Gentiana kaufmanniana*	多年生	草本
575	龙胆科	蓝白龙胆	*Gentiana leucomelaena*	一年生	草本
576	龙胆科	秦艽	*Gentiana macrophylla*	多年生	草本
577	龙胆科	垂花龙胆	*Gentiana nutans*	一年生	草本
578	龙胆科	北疆秦艽	*Gentiana olgae*	多年生	草本
579	龙胆科	楔湾缺秦艽	*Gentiana olivieri*	多年生	草本
580	龙胆科	假水生龙胆	*Gentiana pseudoaquatica*	一年生	草本
581	龙胆科	河边龙胆	*Gentiana riparia*	一年生	草本
582	龙胆科	鳞叶龙胆	*Gentiana squarrosa*	一年生	草本
583	龙胆科	单花龙胆	*Gentiana subuniflora*	一年生	草本

(续表)

序号	所属科	中文名	学名	生活史	生长型
584	龙胆科	新疆秦艽	*Gentiana walujewii*	多年生	草本
585	龙胆科	新疆龙胆	*Gentiana prostrata* var. *karelinii*	一年生	草本
586	龙胆科	黑边假龙胆	*Gentianella azurea*	一年生	草本
587	龙胆科	新疆假龙胆	*Gentianella turkestanorum*	二年生	草本
588	龙胆科	扁蕾	*Gentianopsis barbata*	二年生	草本
589	龙胆科	卵萼花锚	*Halenia elliptica*	一年生	草本
590	龙胆科	肋柱花	*Lomatogonium carinthiacum*	一年生	草本
591	龙胆科	辐状肋柱花	*Lomatogonium rotatum*	一年生	草本
592	龙胆科	短筒獐牙菜	*Swertia connata*	多年生	草本
593	龙胆科	歧伞獐牙菜	*Swertia dichotoma*	一年生	草本
594	龙胆科	膜边獐牙菜	*Swertia marginata*	多年生	草本
595	龙胆科	互叶獐牙菜	*Swertia obtusa*	多年生	草本
596	夹竹桃科	白麻	*Apocynum pictum*	多年生	半灌木
597	夹竹桃科	罗布麻	*Apocynum venetum*	多年生	半灌木
598	夹竹桃科	戟叶鹅绒藤	*Cynanchum acutum* subsp. *sibiricum*	多年生	藤本
599	夹竹桃科	夹竹桃	*Nerium oleander*	多年生	灌木
600	夹竹桃科	络石	*Trachelospermum jasminoides*	多年生	藤本
601	旋花科	旋花	*Calystegia sepium*	多年生	草本
602	旋花科	银灰旋花	*Convolvulus ammannii*	多年生	草本
603	旋花科	线叶旋花	*Convolvulus lineatus*	多年生	草本
604	旋花科	直立旋花	*Convolvulus pseudocantabricus*	多年生	草本
605	旋花科	菟丝子	*Cuscuta chinensis*	一年生	草本
606	旋花科	单柱菟丝子	*Cuscuta monogyna*	一年生	草本
607	花荵科	花荵	*Polemonium caeruleum*	多年生	草本
608	紫草科	钝背草	*Amblynotus rupestris*	多年生	草本

(续表)

序号	所属科	中文名	学名	生活史	生长型
609	紫草科	狼紫草	*Anchusa ovata*	一年生	草本
610	紫草科	硬萼软紫草	*Arnebia decumbens*	一年生	草本
611	紫草科	软紫草	*Arnebia euchroma*	多年生	草本
612	紫草科	黄花软紫草	*Arnebia guttata*	多年生	草本
613	紫草科	紫筒花	*Arnebia obovata*	多年生	草本
614	紫草科	天山软紫草	*Arnebia tschimganica*	多年生	草本
615	紫草科	糙草	*Asperugo procumbens*	一年生	草本
616	紫草科	大果琉璃草	*Cynoglossum divaricatum*	多年生	草本
617	紫草科	红花琉璃草	*Cynoglossum officinale*	二年生	草本
618	紫草科	蓝蓟	*Echium vulgare*	二年生	草本
619	紫草科	短梗齿缘草	*Eritrichium fetisovii*	多年生	草本
620	紫草科	长毛齿缘草	*Eritrichium villosum*	多年生	草本
621	紫草科	反折假鹤虱	*Hackelia deflexa*	一年生	草本
622	紫草科	尖花天芥菜	*Heliotropium acutiflorum*	一年生	草本
623	紫草科	新疆天芥菜	*Heliotropium arguzioides*	多年生	草本
624	紫草科	椭圆叶天芥菜	*Heliotropium ellipticum*	多年生	草本
625	紫草科	异果鹤虱	*Heterocaryum rigidum*	二年生	草本
626	紫草科	短刺鹤虱	*Lappula brachycentra*	二年生	草本
627	紫草科	蓝刺鹤虱	*Lappula consanguinea*	二年生	草本
628	紫草科	两形果鹤虱	*Lappula duplicicarpa*	一年生	草本
629	紫草科	异刺鹤虱	*Lappula heteracantha*	一年生	草本
630	紫草科	粗梗鹤虱	*Lappula lipschitzii*	一年生	草本
631	紫草科	小果鹤虱	*Lappula microcarpa*	二年生	草本
632	紫草科	鹤虱	*Lappula myosotis*	一年生	草本
633	紫草科	隐果鹤虱	*Lappula occultata*	一年生	草本

(续表)

序号	所属科	中文名	学名	生活史	生长型
634	紫草科	卵果鹤虱	*Lappula patula*	一年生	草本
635	紫草科	狭果鹤虱	*Lappula semiglabra*	一年生	草本
636	紫草科	异形狭果鹤虱	*Lappula semiglabra* var. *heterocaryoides*	一年生	草本
637	紫草科	绢毛鹤虱	*Lappula sericata*	多年生	草本
638	紫草科	石果鹤虱	*Lappula spinocarpos*	一年生	草本
639	紫草科	短梗鹤虱	*Lappula tadshikorum*	二年生	草本
640	紫草科	细刺鹤虱	*Lappula tenuis*	一年生	草本
641	紫草科	天山鹤虱	*Lappula tianschanica*	二年生	草本
642	紫草科	长柱琉璃草	*Lindelofia stylosa*	二年生	草本
643	紫草科	小花紫草	*Lithospermum officinale*	多年生	草本
644	紫草科	蓝花滨紫草	*Mertensia dshagastanica*	多年生	草本
645	紫草科	短花滨紫草	*Mertensia meyeriana*	多年生	草本
646	紫草科	薄叶滨紫草	*Mertensia pallasii*	多年生	草本
647	紫草科	勿忘草	*Myosotis alpestris*	多年生	草本
648	紫草科	湿地勿忘草	*Myosotis caespitosa*	多年生	草本
649	紫草科	稀花勿忘草	*Myosotis sparsiflora*	一年生	草本
650	紫草科	假狼紫草	*Nonea caspica*	一年生	草本
651	紫草科	细尖滇紫草	*Onosma apiculatum*	多年生	草本
652	紫草科	昭苏滇紫草	*Onosma echioides*	多年生	草本
653	紫草科	孪果鹤虱	*Rochelia bungei*	一年生	草本
654	紫草科	光果孪果鹤虱	*Rochelia leiocarpa*	一年生	草本
655	紫草科	总梗孪果鹤虱	*Rochelia peduncularis*	一年生	草本
656	紫草科	长蕊琉璃草	*Solenanthus circinnatus*	多年生	草本
657	紫草科	附地菜	*Trigonotis peduncularis*	二年生	草本

(续表)

序号	所属科	中文名	学名	生活史	生长型
658	唇形科	藿香	*Agastache rugosa*	多年生	草本
659	唇形科	鬃尾草	*Chaiturus marrubiastrum*	一年生	草本
660	唇形科	矮刺苏	*Chamaesphacos ilicifolius*	一年生	草本
661	唇形科	羽叶枝子花	*Dracocephalum bipinnatum*	多年生	草本
662	唇形科	无髭毛建草	*Dracocephalum imberbe*	多年生	草本
663	唇形科	宽齿青兰	*Dracocephalum paulsenii*	多年生	草本
664	唇形科	刺齿枝子花	*Dracocephalum peregrinum*	多年生	草本
665	唇形科	青兰	*Dracocephalum ruyschiana*	多年生	草本
666	唇形科	密花香薷	*Elsholtzia densa*	多年生	草本
667	唇形科	光沙穗	*Eremostachys fulgens*	多年生	草本
668	唇形科	糙苏沙穗	*Eremostachys phlomoides*	多年生	草本
669	唇形科	鼬瓣花	*Galeopsis bifida*	一年生	草本
670	唇形科	欧活血丹	*Glechoma hederacea*	多年生	草本
671	唇形科	二刺叶兔唇花	*Lagochilus diacanthophyllus*	多年生	草本
672	唇形科	大花兔唇花	*Lagochilus grandiflorus*	多年生	草本
673	唇形科	大齿兔唇花	*Lagochilus macrodontus*	多年生	草本
674	唇形科	阔刺兔唇花	*Lagochilus platyacanthus*	多年生	草本
675	唇形科	锐刺兔唇花	*Lagochilus pungens*	多年生	草本
676	唇形科	毛穗夏至草	*Lagopsis eriostachys*	多年生	草本
677	唇形科	夏至草	*Lagopsis supina*	多年生	草本
678	唇形科	大扁柄草	*Lallemantia peltata*	一年生	草本
679	唇形科	宝盖草	*Lamium amplexicaule*	一年生	草本
680	唇形科	薰衣草	*Lavandula angustifolia*	多年生	半灌木
681	唇形科	益母草	*Leonurus japonicus*	二年生	草本
682	唇形科	扭藿香	*Lophanthus chinensis*	多年生	草本

（续表）

序号	所属科	中文名	学名	生活史	生长型
683	唇形科	欧夏至草	*Marrubium vulgare*	多年生	草本
684	唇形科	假薄荷	*Mentha asiatica*	多年生	草本
685	唇形科	薄荷	*Mentha canadensis*	多年生	草本
686	唇形科	留兰香	*Mentha spicata*	多年生	草本
687	唇形科	箭叶水苏	*Metastachydium sagittatum*	多年生	草本
688	唇形科	荆芥	*Nepeta cataria*	多年生	草本
689	唇形科	密花荆芥	*Nepeta densiflora*	多年生	草本
690	唇形科	高山荆芥	*Nepeta mariae*	多年生	草本
691	唇形科	直齿荆芥	*Nepeta nuda*	多年生	草本
692	唇形科	刺尖荆芥	*Nepeta pungens*	一年生	草本
693	唇形科	平卧荆芥	*Nepeta supina*	多年生	草本
694	唇形科	伊犁荆芥	*Nepeta transiliensis*	多年生	草本
695	唇形科	尖齿荆芥	*Nepeta ucranica*	多年生	草本
696	唇形科	帚枝荆芥	*Nepeta virgata*	多年生	草本
697	唇形科	牛至	*Origanum vulgare*	多年生	草本
698	唇形科	耕地糙苏	*Phlomoides agraria*	多年生	草本
699	唇形科	沙穗	*Phlomoides molucelloides*	多年生	草本
700	唇形科	美丽沙穗	*Phlomoides speciosa*	多年生	草本
701	唇形科	块根糙苏	*Phlomoides tuberosa*	多年生	草本
702	唇形科	夏枯草	*Prunella vulgaris*	多年生	草本
703	唇形科	丹参	*Salvia miltiorrhiza*	多年生	草本
704	唇形科	一串红	*Salvia splendens*	一年生	草本
705	唇形科	裂叶荆芥	*Schizonepeta tenuifolia*	一年生	草本
706	唇形科	黄芩	*Scutellaria baicalensis*	多年生	草本
707	唇形科	半枝莲	*Scutellaria barbata*	多年生	草本

（续表）

序号	所属科	中文名	学名	生活史	生长型
708	唇形科	盔状黄芩	*Scutellaria galericulata*	多年生	草本
709	唇形科	少齿黄芩	*Scutellaria oligodonta*	多年生	半灌木
710	唇形科	深裂叶黄芩	*Scutellaria przewalskii*	多年生	半灌木
711	唇形科	宽苞黄芩	*Scutellaria sieversii*	多年生	半灌木
712	唇形科	紫花毒马草	*Sideritis balansae*	一年生	草本
713	唇形科	心叶假水苏	*Stachyopsis lamiiflora*	多年生	草本
714	唇形科	多毛假水苏	*Stachyopsis marrubioides*	多年生	草本
715	唇形科	沼生水苏	*Stachys palustris*	多年生	草本
716	唇形科	林地水苏	*Stachys sylvatica*	多年生	草本
717	唇形科	拟百里香	*Thymus proximus*	多年生	半灌木
718	唇形科	玫瑰百里香	*Thymus roseus*	多年生	草本
719	茄科	酸浆	*Alkekengi officinarum*	多年生	草本
720	茄科	曼陀罗	*Datura stramonium*	多年生	草本
721	茄科	新疆枸杞	*Lycium dasystemum*	多年生	灌木
722	茄科	伊犁脬囊草	*Physochlaina capitata*	多年生	草本
723	茄科	欧白英	*Solanum dulcamara*	多年生	藤本
724	茄科	龙葵	*Solanum nigrum*	一年生	草本
725	玄参科	砾玄参	*Scrophularia incisa*	二年生	草本
726	玄参科	羽裂玄参	*Scrophularia kiriloviana*	二年生	草本
727	玄参科	紫毛蕊花	*Verbascum phoeniceum*	多年生	草本
728	玄参科	毛蕊花	*Verbascum thapsus*	二年生	草本
729	通泉草科	野胡麻	*Dodartia orientalis*	多年生	草本
730	车前科	倾卧兔耳草	*Lagotis decumbens*	多年生	草本
731	车前科	亚中兔耳草	*Lagotis integrifolia*	多年生	草本
732	车前科	紫花柳穿鱼	*Linaria bungei*	多年生	草本

(续表)

序号	所属科	中文名	学名	生活史	生长型
733	车前科	欧洲柳穿鱼	*Linaria vulgaris*	多年生	草本
734	车前科	蛛毛车前	*Plantago arachnoidea*	多年生	草本
735	车前科	长叶车前	*Plantago lanceolata*	多年生	草本
736	车前科	沿海车前	*Plantago maritima*	多年生	草本
737	车前科	巨车前	*Plantago maxima*	多年生	草本
738	车前科	小车前	*Plantago minuta*	一年生	草本
739	车前科	阿拉套穗花	*Pseudolysimachion alatavicum*	多年生	草本
740	车前科	兔儿尾苗	*Pseudolysimachion longifolium*	多年生	草本
741	车前科	羽叶穗花	*Pseudolysimachion pinnatum*	多年生	草本
742	车前科	穗花	*Pseudolysimachion spicatum*	多年生	草本
743	车前科	轮叶穗花	*Pseudolysimachion spurium*	多年生	草本
744	车前科	直立婆婆纳	*Veronica arvensis*	多年生	草本
745	车前科	心果婆婆纳	*Veronica cardiocarpa*	多年生	草本
746	车前科	密花婆婆纳	*Veronica densiflora*	多年生	草本
747	车前科	阿拉伯婆婆纳	*Veronica persica*	多年生	草本
748	车前科	丝茎婆婆纳	*Veronica tenuissima*	多年生	草本
749	车前科	水苦荬	*Veronica undulata*	多年生	草本
750	车前科	裂叶婆婆纳	*Veronica verna*	多年生	草本
751	列当科	肉苁蓉	*Cistanche deserticola*	多年生	草本
752	列当科	盐生肉苁蓉	*Cistanche salsa*	多年生	草本
753	列当科	长腺小米草	*Euphrasia hirtella*	多年生	草本
754	列当科	小米草	*Euphrasia pectinata*	多年生	草本
755	列当科	短腺小米草	*Euphrasia regelii*	多年生	草本
756	列当科	方茎草	*Leptorhabdos parviflora*	一年生	草本
757	列当科	疗齿草	*Odontites vulgaris*	一年生	草本

(续表)

序号	所属科	中文名	学名	生活史	生长型
758	列当科	美丽列当	*Orobanche amoena*	多年生	草本
759	列当科	丝毛列当	*Orobanche caryophyllacea*	多年生	草本
760	列当科	弯管列当	*Orobanche cernua*	多年生	草本
761	列当科	短唇列当	*Orobanche elatior*	多年生	草本
762	列当科	阿尔泰马先蒿	*Pedicularis altaica*	多年生	草本
763	列当科	短花马先蒿	*Pedicularis breviflora*	多年生	草本
764	列当科	小根马先蒿	*Pedicularis ludwigii*	一年生	草本
765	列当科	斜果马先蒿	*Pedicularis mariae*	多年生	草本
766	列当科	万叶马先蒿	*Pedicularis myriophylla*	一年生	草本
767	列当科	欧亚马先蒿	*Pedicularis oederi*	多年生	草本
768	列当科	胀萼马先蒿	*Pedicularis physocalyx*	多年生	草本
769	列当科	假弯管马先蒿	*Pedicularis pseudocurvituba*	多年生	草本
770	列当科	拟鼻花马先蒿	*Pedicularis rhinanthoides*	多年生	草本
771	列当科	中亚马先蒿	*Pedicularis semenowii*	多年生	草本
772	列当科	准噶尔马先蒿	*Pedicularis songarica*	多年生	草本
773	列当科	秀丽马先蒿	*Pedicularis venusta*	多年生	草本
774	列当科	轮叶马先蒿	*Pedicularis verticillata*	多年生	草本
775	列当科	堇色马先蒿	*Pedicularis violascens*	多年生	草本
776	列当科	鼻花	*Rhinanthus glaber*	一年生	草本
777	狸藻科	狸藻	*Utricularia vulgaris*	多年生	草本
778	茜草科	北方拉拉藤	*Galium boreale*	多年生	草本
779	茜草科	脖果拉拉藤	*Galium bullatum*	多年生	草本
780	茜草科	卷边拉拉藤	*Galium consanguineum*	多年生	草本
781	茜草科	蔓生拉拉藤	*Galium humifusum*	多年生	草本
782	茜草科	粗沼拉拉藤	*Galium karakulense*	多年生	草本

（续表）

序号	所属科	中文名	学名	生活史	生长型
783	茜草科	圆锥拉拉藤	*Galium paniculatum*	多年生	草本
784	茜草科	狭序拉拉藤	*Galium saurense*	多年生	草本
785	茜草科	准噶尔拉拉藤	*Galium soongoricum*	一年生	草本
786	茜草科	纤细拉拉藤	*Galium tenuissimum*	一年生	草本
787	茜草科	麦仁珠	*Galium tricornutum*	一年生	草本
788	茜草科	中亚拉拉藤	*Galium turkestanicum*	多年生	草本
789	茜草科	蓬子菜	*Galium verum*	多年生	草本
790	茜草科	毛蓬子菜	*Galium verum* var. *tomentosum*	多年生	草本
791	茜草科	脬果茜草	*Microphysa elongata*	多年生	草本
792	茜草科	沙生茜草	*Rubia deserticola*	多年生	草本
793	茜草科	长叶茜草	*Rubia dolichophylla*	多年生	草本
794	茜草科	四叶茜草	*Rubia schugnanica*	多年生	草本
795	荚蒾科	五福花	*Adoxa moschatellina*	多年生	草本
796	荚蒾科	西伯利亚接骨木	*Sambucus sibirica*	多年生	灌木
797	荚蒾科	欧洲荚蒾	*Viburnum opulus*	多年生	灌木
798	忍冬科	高山星首花	*Lomelosia alpestris*	多年生	草本
799	忍冬科	沼生忍冬	*Lonicera alberti*	多年生	灌木
800	忍冬科	刚毛忍冬	*Lonicera hispida*	多年生	灌木
801	忍冬科	矮小忍冬	*Lonicera humilis*	多年生	灌木
802	忍冬科	伊犁忍冬	*Lonicera iliensis*	多年生	灌木
803	忍冬科	忍冬	*Lonicera japonica*	多年生	藤本
804	忍冬科	小叶忍冬	*Lonicera microphylla*	多年生	灌木
805	忍冬科	杈枝忍冬	*Lonicera simulatrix*	多年生	灌木
806	忍冬科	新疆忍冬	*Lonicera tatarica*	多年生	灌木
807	忍冬科	华西忍冬	*Lonicera webbiana*	多年生	灌木

(续表)

序号	所属科	中文名	学名	生活史	生长型
808	忍冬科	青海刺参	*Morina kokonorica*	多年生	草本
809	忍冬科	中败酱	*Patrinia intermedia*	多年生	草本
810	忍冬科	黄盆花	*Scabiosa ochroleuca*	多年生	草本
811	忍冬科	新疆缬草	*Valeriana fedtschenkoi*	多年生	草本
812	忍冬科	芥叶缬草	*Valeriana ficariifolia*	多年生	草本
813	忍冬科	缬草	*Valeriana officinalis*	多年生	草本
814	忍冬科	突厥缬草	*Valeriana turkestanica*	多年生	草本
815	川续断科	准噶尔蓝盆花	*Scabiosa soongorica*	多年生	草本
816	桔梗科	喜玛拉雅沙参	*Adenophora hymalayana*	多年生	草本
817	桔梗科	新疆沙参	*Adenophora liliifolia*	多年生	草本
818	桔梗科	北疆风铃草	*Campanula glomerata*	多年生	草本
819	桔梗科	长柄风铃草	*Campanula stevenii* subsp. *wolgensis*	多年生	草本
820	桔梗科	新疆风铃草	*Campanula stevenii* subsp. *albertii*	多年生	草本
821	桔梗科	新疆党参	*Codonopsis clematidea*	多年生	草本
822	桔梗科	桔梗	*Platycodon grandiflorus*	多年生	草本
823	香蒲科	小黑三棱	*Sparganium emersum*	多年生	草本
824	香蒲科	黑三棱	*Sparganium stoloniferum*	多年生	草本
825	香蒲科	水烛	*Typha angustifolia*	多年生	草本
826	香蒲科	长苞香蒲	*Typha domingensis*	多年生	草本
827	香蒲科	宽叶香蒲	*Typha latifolia*	多年生	草本
828	香蒲科	短序香蒲	*Typha lugdunensis*	多年生	草本
829	香蒲科	小香蒲	*Typha minima*	多年生	草本
830	香蒲科	球序香蒲	*Typha pallida*	多年生	草本
831	眼子菜科	小节眼子菜	*Potamogeton nodosus*	多年生	草本

(续表)

序号	所属科	中文名	学名	生活史	生长型
832	眼子菜科	小眼子菜	*Potamogeton pusillus*	多年生	草本
833	眼子菜科	篦齿眼子菜	*Stuckenia pectinata*	多年生	草本
834	眼子菜科	角果藻	*Zannichellia palustris*	多年生	草本
835	水麦冬科	海韭菜	*Triglochin maritima*	多年生	草本
836	水麦冬科	水麦冬	*Triglochin palustris*	多年生	草本
837	泽泻科	草泽泻	*Alisma gramineum*	多年生	草本
838	禾本科	节节麦	*Aegilops tauschii*	多年生	草本
839	禾本科	小獐毛	*Aeluropus pungens*	多年生	草本
840	禾本科	冰草	*Agropyron cristatum*	多年生	草本
841	禾本科	光穗冰草	*Agropyron cristatum* var. *pectinatum*	多年生	草本
842	禾本科	多花冰草	*Agropyron cristatum* var. *pluriflorum*	多年生	草本
843	禾本科	巨序剪股颖	*Agrostis gigantea*	多年生	草本
844	禾本科	北疆剪股颖	*Agrostis turkestanica*	多年生	草本
845	禾本科	看麦娘	*Alopecurus aequalis*	一年生	草本
846	禾本科	大看麦娘	*Alopecurus pratensis*	多年生	草本
847	禾本科	荩草	*Arthraxon hispidus*	一年生	草本
848	禾本科	野燕麦	*Avena fatua*	一年生	草本
849	禾本科	光稃野燕麦	*Avena fatua* var. *glabrata*	多年生	草本
850	禾本科	毛轴异燕麦	*Avenula pubescens*	多年生	草本
851	禾本科	白羊草	*Bothriochloa ischaemum*	多年生	草本
852	禾本科	密丛雀麦	*Bromus benekenii*	多年生	草本
853	禾本科	雀麦	*Bromus japonicus*	一年生	草本
854	禾本科	尖齿雀麦	*Bromus oxyodon*	一年生	草本
855	禾本科	密穗雀麦	*Bromus sewerzowii*	一年生	草本

(续表)

序号	所属科	中文名	学名	生活史	生长型
856	禾本科	偏穗雀麦	*Bromus squarrosus*	一年生	草本
857	禾本科	拂子茅	*Calamagrostis epigeios*	多年生	草本
858	禾本科	短芒拂子茅	*Calamagrostis hedinii*	多年生	草本
859	禾本科	沿沟草	*Catabrosa aquatica*	多年生	草本
860	禾本科	虎尾草	*Chloris virgata*	一年生	草本
861	禾本科	无芒隐子草	*Cleistogenes songorica*	多年生	草本
862	禾本科	糙隐子草	*Cleistogenes squarrosa*	多年生	草本
863	禾本科	蔺状隐花草	*Crypsis schoenoides*	一年生	草本
864	禾本科	狗牙根	*Cynodon dactylon*	多年生	草本
865	禾本科	鸭茅	*Dactylis glomerata*	多年生	草本
866	禾本科	发草	*Deschampsia cespitosa*	多年生	草本
867	禾本科	穗发草	*Deschampsia koelerioides*	多年生	草本
868	禾本科	小花野青茅	*Deyeuxia neglecta*	多年生	草本
869	禾本科	大叶章	*Deyeuxia purpurea*	多年生	草本
870	禾本科	曲芒鹅观草	*Elymus abolinii* var. *divaricans*	多年生	草本
871	禾本科	多花鹅观草	*Elymus abolinii* var. *pluriflorus*	多年生	草本
872	禾本科	芒颖鹅观草	*Elymus aristiglumis*	多年生	草本
873	禾本科	黑紫披碱草	*Elymus atratus*	多年生	草本
874	禾本科	短颖鹅观草	*Elymus burchan-buddae*	多年生	草本
875	禾本科	犬草	*Elymus caninus*	多年生	草本
876	禾本科	岷山鹅观草	*Elymus durus*	多年生	草本
877	禾本科	光鞘鹅观草	*Elymus fedtschenkoi*	多年生	草本
878	禾本科	直穗鹅观草	*Elymus gmelinii*	多年生	草本
879	禾本科	鹅观草	*Elymus kamoji*	多年生	草本
880	禾本科	狭颖鹅观草	*Elymus mutabilis*	多年生	草本

(续表)

序号	所属科	中文名	学名	生活史	生长型
881	禾本科	密丛鹅观草	*Elymus mutabilis* var. *praecaespitosus*	多年生	草本
882	禾本科	垂穗披碱草	*Elymus nutans*	多年生	草本
883	禾本科	老芒麦	*Elymus sibiricus*	多年生	草本
884	禾本科	新疆鹅观草	*Elymus sinkiangensis*	多年生	草本
885	禾本科	林地鹅观草	*Elymus sylvaticus*	多年生	草本
886	禾本科	天山鹅观草	*Elymus tianschanigenus*	多年生	草本
887	禾本科	绿穗鹅观草	*Elymus viridulus*	多年生	草本
888	禾本科	偃麦草	*Elytrigia repens*	多年生	草本
889	禾本科	大画眉草	*Eragrostis cilianensis*	一年生	草本
890	禾本科	戈壁画眉草	*Eragrostis collina*	多年生	草本
891	禾本科	小画眉草	*Eragrostis minor*	一年生	草本
892	禾本科	光穗旱麦草	*Eremopyrum bonaepartis*	一年生	草本
893	禾本科	毛穗旱麦草	*Eremopyrum distans*	一年生	草本
894	禾本科	东方旱麦草	*Eremopyrum orientale*	一年生	草本
895	禾本科	阿拉套羊茅	*Festuca alatavica*	多年生	草本
896	禾本科	苇状羊茅	*Festuca arundinacea*	多年生	草本
897	禾本科	东方羊茅	*Festuca arundinacea* subsp. *orientalis*	多年生	草本
898	禾本科	矮羊茅	*Festuca coelestis*	多年生	草本
899	禾本科	大羊茅	*Festuca gigantea*	多年生	草本
900	禾本科	寒生羊茅	*Festuca kryloviana*	多年生	草本
901	禾本科	羊茅	*Festuca ovina*	多年生	草本
902	禾本科	草甸羊茅	*Festuca pratensis*	多年生	草本
903	禾本科	紫羊茅	*Festuca rubra*	多年生	草本
904	禾本科	毛稃羊茅	*Festuca rubra* subsp. *arctica*	多年生	草本

(续表)

序号	所属科	中文名	学名	生活史	生长型
905	禾本科	瑞士羊茅	*Festuca valesiaca*	多年生	草本
906	禾本科	沟叶羊茅	*Festuca valesiaca* subsp. *sulcata*	多年生	草本
907	禾本科	细叶异燕麦	*Helictotrichon hissaricum*	多年生	草本
908	禾本科	蒙古山燕麦	*Helictotrichon mongolicum*	多年生	草本
909	禾本科	天山山燕麦	*Helictotrichon tianschanicum*	多年生	草本
910	禾本科	藏山燕麦	*Helictotrichon tibeticum*	多年生	草本
911	禾本科	聂威大麦草	*Hordeum bervisubulatum* var. *anum*	多年生	草本
912	禾本科	布顿大麦草	*Hordeum bogdanii*	多年生	草本
913	禾本科	短芒大麦草	*Hordeum brevisubulatum*	多年生	草本
914	禾本科	紫大麦草	*Hordeum roshevitzii*	多年生	草本
915	禾本科	毛稃仲彬草	*Kengyilia alatavica*	多年生	草本
916	禾本科	巴塔仲彬草	*Kengyilia batalinii*	多年生	草本
917	禾本科	梭罗草	*Kengyilia thoroldiana*	多年生	草本
918	禾本科	洽草	*Koeleria macrantha*	多年生	草本
919	禾本科	蓉草	*Leersia oryzoides*	多年生	草本
920	禾本科	羊草	*Leymus chinensis*	多年生	草本
921	禾本科	多枝赖草	*Leymus multicaulis*	多年生	草本
922	禾本科	宽穗赖草	*Leymus ovatus*	多年生	草本
923	禾本科	天山赖草	*Leymus tianschanicus*	多年生	草本
924	禾本科	疏花黑麦草	*Lolium remotum*	一年生	草本
925	禾本科	高臭草	*Melica altissima*	多年生	草本
926	禾本科	俯垂臭草	*Melica nutans*	多年生	草本
927	禾本科	德兰臭草	*Melica transsilvanica*	多年生	草本
928	禾本科	粟草	*Milium effusum*	多年生	草本
929	禾本科	芨芨草	*Neotrinia splendens*	多年生	草本

(续表)

序号	所属科	中文名	学名	生活史	生长型
930	禾本科	稷	*Panicum miliaceum*	一年生	草本
931	禾本科	高山梯牧草	*Phleum alpinum*	多年生	草本
932	禾本科	鬼蜡烛	*Phleum paniculatum*	一年生	草本
933	禾本科	假梯牧草	*Phleum phleoides*	多年生	草本
934	禾本科	梯牧草	*Phleum pratense*	多年生	草本
935	禾本科	高山早熟禾	*Poa alpina*	多年生	草本
936	禾本科	早熟禾	*Poa annua*	二年生	草本
937	禾本科	渐尖早熟禾	*Poa attenuata*	多年生	草本
938	禾本科	花丽早熟禾	*Poa calliopsis*	多年生	草本
939	禾本科	密序早熟禾	*Poa densa*	多年生	草本
940	禾本科	阿尔泰早熟禾	*Poa glauca* subsp. *altaica*	多年生	草本
941	禾本科	疏穗早熟禾	*Poa lipskyi*	多年生	草本
942	禾本科	大药早熟禾	*Poa macroanthera*	多年生	草本
943	禾本科	林早熟禾	*Poa nemoraliformis*	多年生	草本
944	禾本科	林地早熟禾	*Poa nemoralis*	多年生	草本
945	禾本科	疏穗林地早熟禾	*Poa nemoralis* var. *parca*	多年生	草本
946	禾本科	草地早熟禾	*Poa pratensis*	多年生	草本
947	禾本科	粉绿早熟禾	*Poa pratensis* subsp. *pruinosa*	多年生	草本
948	禾本科	西伯利亚早熟禾	*Poa sibirica*	多年生	草本
949	禾本科	显稃早熟禾	*Poa sibirica* subsp. *uralensis*	多年生	草本
950	禾本科	仰卧早熟禾	*Poa supina*	多年生	草本
951	禾本科	坎博早熟禾	*Poa urssulensis* var. *kanboensis*	多年生	草本
952	禾本科	新疆早熟禾	*Poa versicolor* subsp. *relaxa*	多年生	草本
953	禾本科	新麦草	*Psathyrostachys juncea*	多年生	草本
954	禾本科	单花新麦草	*Psathyrostachys kronenburgii*	多年生	草本

(续表)

序号	所属科	中文名	学名	生活史	生长型
955	禾本科	假鹅观草	*Pseudoroegneria cognata*	多年生	草本
956	禾本科	鹤甫碱茅	*Puccinellia hauptiana*	多年生	草本
957	禾本科	星星草	*Puccinellia tenuiflora*	多年生	草本
958	禾本科	齿稃草	*Schismus arabicus*	一年生	草本
959	禾本科	狗尾草	*Setaria viridis*	一年生	草本
960	禾本科	西伯利亚三毛草	*Sibirotrisetum sibiricum*	多年生	草本
961	禾本科	长芒草	*Stipa bungeana*	多年生	草本
962	禾本科	针茅	*Stipa capillata*	多年生	草本
963	禾本科	镰芒针茅	*Stipa caucasica*	多年生	草本
964	禾本科	沙生针茅	*Stipa caucasica* subsp. *glareosa*	多年生	草本
965	禾本科	长羽针茅	*Stipa kirghisorum*	多年生	草本
966	禾本科	长舌针茅	*Stipa macroglossa*	多年生	草本
967	禾本科	疏花针茅	*Stipa penicillata*	多年生	草本
968	禾本科	狭穗针茅	*Stipa regeliana*	多年生	草本
969	禾本科	新疆针茅	*Stipa sareptana*	多年生	草本
970	禾本科	高山穗三毛草	*Trisetum altaicum*	多年生	草本
971	禾本科	长穗三毛草	*Trisetum clarkei*	多年生	草本
972	禾本科	穗三毛草	*Trisetum spicatum*	多年生	草本
973	禾本科	杂生小麦	*Triticum turanicum*	多年生	草本
974	禾本科	硬粒小麦	*Triticum turgidum* subsp. *durum*	多年生	草本
975	禾本科	波兰小麦	*Triticum turgidum* subsp. *polonicum*	多年生	草本
976	莎草科	华扁穗草	*Blysmus sinocompressus*	多年生	草本
977	莎草科	大桥薹草	*Carex atrata* subsp. *aterrima*	多年生	草本
978	莎草科	暗褐薹草	*Carex atrofusca*	多年生	草本
979	莎草科	线叶嵩草	*Carex capillifolia*	多年生	草本

(续表)

序号	所属科	中文名	学名	生活史	生长型
980	莎草科	高加索薹草	*Carex caucasica*	多年生	草本
981	莎草科	寸草	*Carex duriuscula*	多年生	草本
982	莎草科	无脉薹草	*Carex enervis*	多年生	草本
983	莎草科	箭叶薹草	*Carex ensifolia*	多年生	草本
984	莎草科	长芒薹草	*Carex gmelinii*	多年生	草本
985	莎草科	绿囊薹草	*Carex hypochlora*	多年生	草本
986	莎草科	喜马拉雅嵩草	*Carex kokanica*	多年生	草本
987	莎草科	草原薹草	*Carex liparocarpos*	多年生	草本
988	莎草科	黑花薹草	*Carex melanantha*	多年生	草本
989	莎草科	黑鳞薹草	*Carex melanocephala*	多年生	草本
990	莎草科	凹脉薹草	*Carex melanostachya*	多年生	草本
991	莎草科	尖苞薹草	*Carex microglochin*	多年生	草本
992	莎草科	直穗薹草	*Carex orthostachys*	多年生	草本
993	莎草科	帕米尔薹草	*Carex pamirensis*	多年生	草本
994	莎草科	黍状薹草	*Carex panicea*	多年生	草本
995	莎草科	柄状薹草	*Carex pediformis*	多年生	草本
996	莎草科	囊果薹草	*Carex physodes*	多年生	草本
997	莎草科	多叶薹草	*Carex polyphylla*	多年生	草本
998	莎草科	早发薹草	*Carex praecox*	多年生	草本
999	莎草科	密穗薹草	*Carex pycnostachya*	多年生	草本
1000	莎草科	瘦果薹草	*Carex regeliana*	多年生	草本
1001	莎草科	大穗薹草	*Carex rhynchophysa*	多年生	草本
1002	莎草科	粗脉薹草	*Carex rugulosa*	多年生	草本
1003	莎草科	沙地薹草	*Carex sabulosa*	多年生	草本

(续表)

序号	所属科	中文名	学名	生活史	生长型
1004	莎草科	粗糙薹草	*Carex scabrisacca*	多年生	草本
1005	莎草科	长茎薹草	*Carex setigera*	多年生	草本
1006	莎草科	准噶尔薹草	*Carex songorica*	多年生	草本
1007	莎草科	细果薹草	*Carex stenocarpa*	多年生	草本
1008	莎草科	小囊果薹草	*Carex subphysodes*	多年生	草本
1009	莎草科	天山薹草	*Carex tianschanica*	多年生	草本
1010	莎草科	山羊薹草	*Carex titovii*	多年生	草本
1011	莎草科	新疆薹草	*Carex turkestanica*	多年生	草本
1012	莎草科	褐穗莎草	*Cyperus fuscus*	一年生	草本
1013	莎草科	头状穗莎草	*Cyperus glomeratus*	一年生	草本
1014	莎草科	水莎草	*Cyperus serotinus*	多年生	草本
1015	莎草科	槽秆荸荠	*Eleocharis mitracarpa*	多年生	草本
1016	莎草科	红鳞扁莎	*Pycreus sanguinolentus*	一年生	草本
1017	莎草科	水葱	*Schoenoplectus tabernaemontani*	多年生	草本
1018	莎草科	三棱水葱	*Schoenoplectus triqueter*	多年生	草本
1019	莎草科	矮蔺藨草	*Trichophorum pumilum*	多年生	草本
1020	菖蒲科	菖蒲	*Acorus calamus*	多年生	草本
1021	灯芯草科	小花灯芯草	*Juncus articulatus*	多年生	草本
1022	灯芯草科	扁茎灯芯草	*Juncus gracillimus*	多年生	草本
1023	灯芯草科	七河灯芯草	*Juncus heptopotamicus*	多年生	草本
1024	灯芯草科	中亚灯心草	*Juncus turkestanicus*	一年生	草本
1025	灯芯草科	淡花地杨梅	*Luzula pallescens*	多年生	草本
1026	灯芯草科	穗花地杨梅	*Luzula spicata*	多年生	草本
1027	阿福花科	阿尔泰独尾草	*Eremurus altaicus*	多年生	草本
1028	阿福花科	异翅独尾草	*Eremurus anisopterus*	多年生	草本

(续表)

序号	所属科	中文名	学名	生活史	生长型
1029	阿福花科	粗柄独尾草	*Eremurus inderiensis*	多年生	草本
1030	百合科	阿尔塔贝母	*Fritillaria meleagris*	多年生	草本
1031	百合科	砂贝母	*Fritillaria karelinii*	多年生	草本
1032	百合科	伊贝母	*Fritillaria pallidiflora*	多年生	草本
1033	百合科	新疆贝母	*Fritillaria walujewii*	多年生	草本
1034	百合科	毛梗顶冰花	*Gagea albertii*	多年生	草本
1035	百合科	腋球顶冰花	*Gagea bulbifera*	多年生	草本
1036	百合科	叉梗顶冰花	*Gagea divaricata*	多年生	草本
1037	百合科	镰叶顶冰花	*Gagea fedtschenkoana*	多年生	草本
1038	百合科	林生顶冰花	*Gagea filiformis*	多年生	草本
1039	百合科	钝瓣顶冰花	*Gagea fragifera*	多年生	草本
1040	百合科	粒鳞顶冰花	*Gagea granulosa*	多年生	草本
1041	百合科	多球顶冰花	*Gagea ova*	多年生	草本
1042	百合科	洼瓣花	*Gagea serotina*	多年生	草本
1043	百合科	草原顶冰花	*Gagea stepposa*	多年生	草本
1044	百合科	细弱顶冰花	*Gagea tenera*	多年生	草本
1045	百合科	柔毛郁金香	*Tulipa biflora*	多年生	草本
1046	百合科	毛蕊郁金香	*Tulipa dasystemon*	多年生	草本
1047	百合科	异叶郁金香	*Tulipa heterophylla*	多年生	草本
1048	百合科	伊犁郁金香	*Tulipa iliensis*	多年生	草本
1049	百合科	垂蕾郁金香	*Tulipa patens*	多年生	草本
1050	百合科	新疆郁金香	*Tulipa sinkiangensis*	多年生	草本
1051	百合科	准噶尔郁金香	*Tulipa suaveolens*	多年生	草本
1052	百合科	天山郁金香	*Tulipa thianschanica*	多年生	草本
1053	石蒜科	西疆韭	*Allium teretifolium*	多年生	草本

(续表)

序号	所属科	中文名	学名	生活史	生长型
1054	石蒜科	褐皮韭	*Allium korolkowii*	多年生	草本
1055	石蒜科	天山韭	*Allium tianschanicum*	多年生	草本
1056	石蒜科	滩地韭	*Allium oreoprasum*	多年生	草本
1057	石蒜科	野韭	*Allium ramosum*	多年生	草本
1058	石蒜科	碱韭	*Allium polyrhizum*	多年生	草本
1059	石蒜科	山韭	*Allium senescens*	多年生	草本
1060	石蒜科	高莛韭	*Allium obliquum*	多年生	草本
1061	石蒜科	北疆韭	*Allium hymenorhizum*	多年生	草本
1062	石蒜科	旱生韭	*Allium hymenorhizum* var. *dentatum*	多年生	草本
1063	石蒜科	草地韭	*Allium kaschianum*	多年生	草本
1064	石蒜科	长喙韭	*Allium saxatile*	多年生	草本
1065	石蒜科	丝叶韭	*Allium setifolium*	多年生	草本
1066	石蒜科	小山蒜	*Allium pallasii*	多年生	草本
1067	石蒜科	石坡韭	*Allium petraeum*	多年生	草本
1068	石蒜科	管丝韭	*Allium semenovii*	多年生	草本
1069	石蒜科	蓝苞葱	*Allium atrosanguineum*	多年生	草本
1070	石蒜科	北葱	*Allium schoenoprasum*	多年生	草本
1071	石蒜科	头花韭	*Allium glomeratum*	多年生	草本
1072	石蒜科	棱叶韭	*Allium caeruleum*	多年生	草本
1073	石蒜科	类北葱	*Allium schoenoprasoides*	多年生	草本
1074	石蒜科	宽苞韭	*Allium platyspathum*	多年生	草本
1075	石蒜科	星花蒜	*Allium decipiens*	多年生	草本
1076	石蒜科	多籽蒜	*Allium fetisowii*	多年生	草本
1077	石蒜科	玫红韭	*Allium roseum*	多年生	草本
1078	天门冬科	折枝天门冬	*Asparagus angulofractus*	多年生	草本

(续表)

序号	所属科	中文名	学名	生活史	生长型
1079	天门冬科	西北天门冬	*Asparagus breslerianus*	多年生	草本
1080	天门冬科	新疆天门冬	*Asparagus neglectus*	多年生	草本
1081	鸢尾蒜科	准噶尔鸢尾蒜	*Ixiolirion songaricum*	多年生	草本
1082	鸢尾蒜科	鸢尾蒜	*Ixiolirion tataricum*	多年生	草本
1083	鸢尾科	射干	*Belamcanda chinensis*	多年生	草本
1084	鸢尾科	白番红花	*Crocus alatavicus*	多年生	草本
1085	鸢尾科	唐菖蒲	*Gladiolus gandavensis*	多年生	草本
1086	鸢尾科	中亚鸢尾	*Iris bloudowii*	多年生	草本
1087	鸢尾科	弯叶鸢尾	*Iris curvifolia*	多年生	草本
1088	鸢尾科	玉蝉花	*Iris ensata*	多年生	草本
1089	鸢尾科	喜盐鸢尾	*Iris halophila*	多年生	草本
1090	鸢尾科	蓝花喜盐鸢尾	*Iris halophila* var. *sogdiana*	多年生	草本
1091	鸢尾科	马蔺	*Iris lactea*	多年生	草本
1092	鸢尾科	天山鸢尾	*Iris loczyi*	多年生	草本
1093	鸢尾科	紫苞鸢尾	*Iris ruthenica*	多年生	草本
1094	鸢尾科	膜苞鸢尾	*Iris scariosa*	多年生	草本
1095	鸢尾科	西伯利亚鸢尾	*Iris sibirica*	多年生	草本
1096	鸢尾科	准噶尔鸢尾	*Iris songarica*	多年生	草本
1097	鸢尾科	细叶鸢尾	*Iris tenuifolia*	多年生	草本
1098	美人蕉科	大花美人蕉	*Canna × generalis*	多年生	草本
1099	美人蕉科	美人蕉	*Canna indica*	多年生	草本
1100	兰科	珊瑚兰	*Corallorhiza trifida*	多年生	草本
1101	兰科	掌裂兰	*Dactylorhiza hatagirea*	多年生	草本
1102	兰科	紫点掌裂兰	*Dactylorhiza incarnata* subsp. *cruenta*	多年生	草本

(续表)

序号	所属科	中文名	学名	生活史	生长型
1103	兰科	阴生掌裂兰	*Dactylorhiza umbrosa*	多年生	草本
1104	兰科	凹舌兰	*Dactylorhiza viridis*	多年生	草本
1105	兰科	火烧兰	*Epipactis helleborine*	多年生	草本
1106	兰科	小斑叶兰	*Goodyera repens*	多年生	草本
1107	兰科	欧洲对叶兰	*Neottia ovata*	多年生	草本
1108	兰科	小花舌唇兰	*Platanthera minutiflora*	多年生	草本

2.鸟类多样性

西天山国家级自然保护区位于天山西部的伊犁河谷,在动物地理区划中该保护区内的动物种类被划归于古北界中亚亚界、蒙新区天山山地亚区。在西天山国家级自然保护区分布有陆生野生脊椎动物244种,隶属于25目73科,其中,国家一级保护野生动物11种,国家二级保护野生动物44种。表1-1-2列出了192种鸟类,隶属于16目51科,主要以雀形目鸟类为主。

表1-1-2 伊犁河谷常见野生鸟种名录

序号	所属科	中文名	学名
1	雉科	石鸡	*Alectoris chukar*
2	雉科	西鹌鹑	*Coturnix coturnix*
3	雉科	黑琴鸡	*Lyrurus tetrix*
4	雉科	斑翅山鹑	*Perdix dauurica*
5	雉科	环颈雉	*Phasianus colchicus*
6	雉科	暗腹雪鸡	*Tetraogallus himalayensis*
7	鸭科	绿头鸭	*Anas platyrhynchos*
8	鸭科	灰雁	*Anser anser*
9	鸭科	鹊鸭	*Bucephala clangula*
10	鸭科	普通秋沙鸭	*Mergus merganser*
11	鸭科	赤麻鸭	*Tadorna ferruginea*

(续表)

序号	所属科	中文名	学名
12	鸭科	翘鼻麻鸭	*Tadorna tadorna*
13	鸠鸽科	原鸽	*Columba livia*
14	鸠鸽科	欧鸽	*Columba oenas*
15	鸠鸽科	斑尾林鸽	*Columba palumbus*
16	鸠鸽科	岩鸽	*Columba rupestris*
17	鸠鸽科	灰斑鸠	*Streptopelia decaocto*
18	鸠鸽科	山斑鸠	*Streptopelia orientalis*
19	夜鹰科	欧夜鹰	*Caprimulgus europaeus*
20	雨燕科	普通雨燕	*Apus apus*
21	杜鹃科	大杜鹃	*Cuculus canorus*
22	秧鸡科	长脚秧鸡	*Crex crex*
23	秧鸡科	白骨顶	*Fulica atra*
24	秧鸡科	黑水鸡	*Gallinula chloropus*
25	秧鸡科	西秧鸡	*Rallus aquaticus*
26	鹮嘴鹬科	鹮嘴鹬	*Ibidorhyncha struthersii*
27	反嘴鹬科	黑翅长脚鹬	*Himantopus himantopus*
28	反嘴鹬科	反嘴鹬	*Recurvirostra avosetta*
29	鸻科	金眶鸻	*Charadrius dubius*
30	鸻科	凤头麦鸡	*Vanellus vanellus*
31	鹬科	矶鹬	*Actitis hypoleucos*
32	鹬科	孤沙锥	*Gallinago solitaria*
33	鹬科	丘鹬	*Scolopax rusticola*
34	鹬科	白腰草鹬	*Tringa ochropus*
35	鹬科	红脚鹬	*Tringa totanus*
36	鸥科	红嘴鸥	*Chroicocephalus ridibundus*

(续表)

序号	所属科	中文名	学名
37	鸥科	普通燕鸥	*Sterna hirundo*
38	鹳科	黑鹳	*Ciconia nigra*
39	鸬鹚科	普通鸬鹚	*Phalacrocorax carbo*
40	鹭科	大白鹭	*Ardea alba*
41	鹭科	苍鹭	*Ardea cinerea*
42	鹗科	鹗	*Pandion haliaetus*
43	鹰科	胡兀鹫	*Gypaetus barbatus*
44	鹰科	鹃头蜂鹰	*Pernis apivorus*
45	鹰科	凤头蜂鹰	*Pernis ptilorhynchus*
46	鹰科	高山兀鹫	*Gyps himalayensis*
47	鹰科	秃鹫	*Aegypius monachus*
48	鹰科	乌雕	*Clanga clanga*
49	鹰科	靴隼雕	*Hieraaetus pennatus*
50	鹰科	草原雕	*Aquila nipalensis*
51	鹰科	白肩雕	*Aquila heliaca*
52	鹰科	金雕	*Aquila chrysaetos*
53	鹰科	雀鹰	*Accipiter nisus*
54	鹰科	苍鹰	*Accipiter gentilis*
55	鹰科	白尾鹞	*Circus cyaneus*
56	鹰科	黑鸢	*Milvus migrans*
57	鹰科	白尾海雕	*Haliaeetus albicilla*
58	鹰科	毛脚鵟	*Buteo lagopus*
59	鹰科	大鵟	*Buteo hemilasius*
60	鹰科	普通鵟	*Buteo japonicus*
61	鹰科	欧亚鵟	*Buteo buteo*

(续表)

序号	所属科	中文名	学名
62	鹰科	棕尾鵟	*Buteo rufinus*
63	鸱鸮科	鬼鸮	*Aegolius funereus*
64	鸱鸮科	短耳鸮	*Asio flammeus*
65	鸱鸮科	长耳鸮	*Asio otus*
66	鸱鸮科	纵纹腹小鸮	*Athene noctua*
67	鸱鸮科	雕鸮	*Bubo bubo*
68	鸱鸮科	西红角鸮	*Otus scops*
69	戴胜科	戴胜	*Upupa epops*
70	佛法僧科	蓝胸佛法僧	*Coracias garrulus*
71	翠鸟科	普通翠鸟	*Alcedo atthis*
72	啄木鸟科	大斑啄木鸟	*Dendrocopos major*
73	啄木鸟科	蚁䴕	*Jynx torquilla*
74	啄木鸟科	三趾啄木鸟	*Picoides tridactylus*
75	隼科	猎隼	*Falco cherrug*
76	隼科	灰背隼	*Falco columbarius*
77	隼科	黄爪隼	*Falco naumanni*
78	隼科	游隼	*Falco peregrinus*
79	隼科	燕隼	*Falco subbuteo*
80	隼科	红隼	*Falco tinnunculus*
81	黄鹂科	印度金黄鹂	*Oriolus kundoo*
82	黄鹂科	金黄鹂	*Oriolus oriolus*
83	伯劳科	灰伯劳	*Lanius excubitor*
84	伯劳科	黑额伯劳	*Lanius minor*
85	伯劳科	棕尾伯劳	*Lanius phoenicuroides*
86	鸦科	渡鸦	*Corvus corax*

(续表)

序号	所属科	中文名	学名
87	鸦科	冠小嘴乌鸦	*Corvus cornix*
88	鸦科	小嘴乌鸦	*Corvus corone*
89	鸦科	秃鼻乌鸦	*Corvus frugilegus*
90	鸦科	寒鸦	*Corvus monedula*
91	鸦科	星鸦	*Nucifraga caryocatactes*
92	鸦科	喜鹊	*Pica pica*
93	鸦科	黄嘴山鸦	*Pyrrhocorax graculus*
94	鸦科	红嘴山鸦	*Pyrrhocorax pyrrhocorax*
95	山雀科	灰蓝山雀	*Cyanistes cyanus*
96	山雀科	欧亚大山雀	*Parus major*
97	山雀科	煤山雀	*Periparus ater*
98	山雀科	褐头山雀	*Poecile montanus*
99	攀雀科	白冠攀雀	*Remiz coronatus*
100	百灵科	云雀	*Alauda arvensis*
101	百灵科	角百灵	*Eremophila alpestris*
102	文须雀科	文须雀	*Panurus biarmicus*
103	苇莺科	稻田苇莺	*Acrocephalus agricola*
104	苇莺科	大苇莺	*Acrocephalus arundinaceus*
105	苇莺科	布氏苇莺	*Acrocephalus dumetorum*
106	蝗莺科	小蝗莺	*Locustella certhiola*
107	蝗莺科	黑斑蝗莺	*Locustella naevia*
108	燕科	毛脚燕	*Delichon urbicum*
109	燕科	家燕	*Hirundo rustica*
110	燕科	岩燕	*Ptyonoprogne rupestris*
111	燕科	淡色崖沙燕	*Riparia diluta*

(续表)

序号	所属科	中文名	学名
112	燕科	崖沙燕	*Riparia riparia*
113	柳莺科	叽喳柳莺	*Phylloscopus collybita*
114	柳莺科	灰柳莺	*Phylloscopus griseolus*
115	柳莺科	淡眉柳莺	*Phylloscopus humei*
116	柳莺科	暗绿柳莺	*Phylloscopus trochiloides*
117	树莺科	宽尾树莺	*Cettia cetti*
118	长尾山雀科	北长尾山雀	*Aegithalos caudatus*
119	长尾山雀科	花彩雀莺	*Leptopoecile sophiae*
120	莺鹛科	灰白喉林莺	*Sylvia communis*
121	旋木雀科	欧亚旋木雀	*Certhia familiaris*
122	䴓科	红翅旋壁雀	*Tichodroma muraria*
123	鹪鹩科	鹪鹩	*Troglodytes troglodytes*
124	河乌科	河乌	*Cinclus cinclus*
125	椋鸟科	家八哥	*Acridotheres tristis*
126	椋鸟科	粉红椋鸟	*Pastor roseus*
127	椋鸟科	紫翅椋鸟	*Sturnus vulgaris*
128	鸫科	黑喉鸫	*Turdus atrogularis*
129	鸫科	斑鸫	*Turdus eunomus*
130	鸫科	欧亚乌鸫	*Turdus merula*
131	鸫科	红尾斑鸫	*Turdus naumanni*
132	鸫科	赤颈鸫	*Turdus ruficollis*
133	鸫科	槲鸫	*Turdus viscivorus*
134	鹟科	欧亚鸲	*Erithacus rubecula*
135	鹟科	黑胸歌鸲	*Calliope pectoralis*
136	鹟科	蓝喉歌鸲	*Luscinia svecica*

(续表)

序号	所属科	中文名	学名
137	鹟科	新疆歌鸲	*Luscinia megarhynchos*
138	鹟科	红胁蓝尾鸲	*Tarsiger cyanurus*
139	鹟科	红背红尾鸲	*Phoenicuropsis erythronotus*
140	鹟科	蓝头红尾鸲	*Phoenicuropsis coeruleocephala*
141	鹟科	赭红尾鸲	*Phoenicurus ochruros*
142	鹟科	红腹红尾鸲	*Phoenicurus erythrogastrus*
143	鹟科	欧亚红尾鸲	*Phoenicurus phoenicurus*
144	鹟科	紫啸鸫	*Myophonus caeruleus*
145	鹟科	黑喉石䳭	*Saxicola maurus*
146	鹟科	穗䳭	*Oenanthe oenanthe*
147	鹟科	白顶䳭	*Oenanthe pleschanka*
148	鹟科	白背矶鸫	*Monticola saxatilis*
149	戴菊科	戴菊	*Regulus regulus*
150	太平鸟科	太平鸟	*Bombycilla garrulus*
151	岩鹨科	黑喉岩鹨	*Prunella atrogularis*
152	岩鹨科	领岩鹨	*Prunella collaris*
153	岩鹨科	褐岩鹨	*Prunella fulvescens*
154	岩鹨科	高原岩鹨	*Prunella himalayana*
155	雀科	白斑翅雪雀	*Montifringilla nivalis*
156	雀科	家麻雀	*Passer domesticus*
157	雀科	麻雀	*Passer montanus*
158	雀科	石雀	*Petronia petronia*
159	鹡鸰科	平原鹨	*Anthus campestris*
160	鹡鸰科	草地鹨	*Anthus pratensis*
161	鹡鸰科	田鹨	*Anthus richardi*

(续表)

序号	所属科	中文名	学名
162	鹡鸰科	黄腹鹨	*Anthus rubescens*
163	鹡鸰科	水鹨	*Anthus spinoletta*
164	鹡鸰科	林鹨	*Anthus trivialis*
165	鹡鸰科	白鹡鸰	*Motacilla alba*
166	鹡鸰科	灰鹡鸰	*Motacilla cinerea*
167	鹡鸰科	黄头鹡鸰	*Motacilla citreola*
168	鹡鸰科	西黄鹡鸰	*Motacilla flava*
169	鹡鸰科	黄鹡鸰	*Motacilla tschutschensis*
170	燕雀科	红额金翅雀	*Carduelis carduelis*
171	燕雀科	普通朱雀	*Carpodacus erythrinus*
172	燕雀科	红胸朱雀	*Carpodacus puniceus*
173	燕雀科	红腰朱雀	*Carpodacus rhodochlamys*
174	燕雀科	长尾雀	*Carpodacus sibiricus*
175	燕雀科	欧金翅雀	*Chloris chloris*
176	燕雀科	锡嘴雀	*Coccothraustes coccothraustes*
177	燕雀科	苍头燕雀	*Fringilla coelebs*
178	燕雀科	燕雀	*Fringilla montifringilla*
179	燕雀科	高山岭雀	*Leucosticte brandti*
180	燕雀科	林岭雀	*Leucosticte nemoricola*
181	燕雀科	赤胸朱顶雀	*Linaria cannabina*
182	燕雀科	黄嘴朱顶雀	*Linaria flavirostris*
183	燕雀科	红交嘴雀	*Loxia curvirostra*
184	燕雀科	白翅拟蜡嘴雀	*Mycerobas carnipes*
185	燕雀科	金额丝雀	*Serinus pusillus*
186	燕雀科	黄雀	*Spinus spinus*

序号	所属科	中文名	学名
187	鹀科	黍鹀	*Emberiza calandra*
188	鹀科	黄鹀	*Emberiza citrinella*
189	鹀科	灰眉岩鹀	*Emberiza godlewskii*
190	鹀科	圃鹀	*Emberiza hortulana*
191	鹀科	白头鹀	*Emberiza leucocephalos*
192	鹀科	芦鹀	*Emberiza schoeniclus*

3.哺乳动物多样性

表1-1-3列出了伊犁河谷常见的40种哺乳类动物，隶属于6目17科。

表1-1-3 伊犁河谷常见哺乳类动物名录

序号	科名	中文名	学名
1	猬科	大耳猬	*Hemiechinus auritus*
2	鼩鼱科	天山鼩鼱	*Sorex asper*
3	蝙蝠科	褐山蝠	*Nyctalus noctula*
4	蝙蝠科	普通伏翼	*Pipistrellus pipistrellus*
5	犬科	狼	*Canis lupus*
6	犬科	赤狐	*Vulpes vulpes*
7	熊科	棕熊	*Ursus arctos*
8	鼬科	石貂	*Martes foina*
9	鼬科	亚洲狗獾	*Meles leucurus*
10	鼬科	香鼬	*Mustela altaica*
11	鼬科	白鼬	*Mustela erminea*
12	鼬科	艾鼬	*Mustela eversmanii*
13	鼬科	伶鼬	*Mustela nivalis*
14	猫科	猞猁	*Lynx lynx*
15	猫科	兔狲	*Otocolobus manul*

(续表)

序号	科名	中文名	学名
16	猫科	雪豹	*Panthera uncia*
17	猪科	野猪	*Sus scrofa*
18	鹿科	狍	*Capreolus pygargus*
19	鹿科	马鹿	*Cervus elaphus*
20	牛科	北山羊	*Capra sibirica*
21	牛科	盘羊	*Ovis ammon*
22	松鼠科	灰旱獭	*Marmota baibacina*
23	松鼠科	北松鼠	*Sciurus vulgaris*
24	松鼠科	天山黄鼠	*Spermophilus relictus*
25	松鼠科	长尾黄鼠	*Spermophilus undulatus*
26	仓鼠科	根田鼠	*Alexandromys oeconomus*
27	仓鼠科	银色高山䶄	*Alticola argentatus*
28	仓鼠科	水䶄	*Arvicola amphibius*
29	仓鼠科	棕背䶄	*Craseomys rufocanus*
30	仓鼠科	鼹型田鼠	*Ellobius tancrei*
31	仓鼠科	草原兔尾鼠	*Lagurus lagurus*
32	仓鼠科	伊犁田鼠	*Microtus ilaeus*
33	仓鼠科	社田鼠	*Microtus socialis*
34	仓鼠科	灰棕背䶄	*Myodes centralis*
35	仓鼠科	灰仓鼠	*Nothocricetulus migratorius*
36	鼠科	小家鼠	*Mus musculus*
37	睡鼠科	林睡鼠	*Dryomys nitedula*
38	蹶鼠科	天山蹶鼠	*Sicista tianshanica*
39	鼠兔科	大耳鼠兔	*Ochotona macrotis*
40	兔科	蒙古兔	*Lepus tolai*

第二节
植物形态学特征与规范化采样

一、根的分类

1. 直根系

在直根系中可以看到一条明显粗壮的由胚根发育而来的主轴,即主根;在主根上面形成的许多分支,即为侧根。主根上产生的分支称一级侧根,一级侧根上再产生的分支称二级侧根,以此类推。这些不同级的根组成了植物的根系,具明显主根的根系称直根系。

2. 须根系

整棵植株的根在粗细上较均匀,没有明显主根的根系称须根系。仔细观察,可看到这些根由茎、叶、老根或胚轴上产生,为不定根。

二、花的结构

1. 双子叶植物花的结构

通常,一朵完整的花包括花梗、花托、花被(花萼和花冠)、雄蕊群和雌蕊群五部分。雄蕊属于雄性器官,由花药和花丝两部分组成;雌蕊属于雌性器官,通常由子房、花柱和柱头三部分组成。

2. 禾本科植物花的主要结构

外稃:位于每朵小花的外侧,是位于花下方的鳞状苞片,先端常有芒。

内稃:位于外稃的内侧,是位于花上方的鳞状小苞片,有2脉,比外稃小。

浆片:在外稃内面的基部,有两片肉质透明的小片,称浆片。浆片和内稃是花被退化而来的结构。当开花时,浆片吸水膨胀可撑开外稃,便于传粉。

雄蕊：以小麦为例，花药较大，花丝细长，开花常垂悬花外。

雌蕊：以小麦为例，羽毛状的柱头，花柱极短，子房上位。

3. 花冠的类型

(1) 十字形花冠

花瓣4，离生，十字形，如十字花科芸薹。

(2) 蝶形花冠

花瓣5，顶端旗瓣，两侧翼瓣，下方有两片龙骨瓣，如豆科蚕豆。

(3) 管状花冠

又称筒状花冠，花瓣合生成筒状，上部无明显扩大，如菊科菊花。

(4) 舌状花冠

花瓣合生，花冠仅基部少部分联合成筒状，上端联合成扁平舌状，如菊科向日葵。

(5) 唇形花冠

花瓣5，合生，花冠基部联合成筒状，上部分成两唇，为上唇(2裂)和下唇(3裂)，如唇形科益母草、丹参。

(6) 漏斗状花冠

花瓣全部联合成筒状，由基部向上至冠檐逐渐扩大成漏斗状，如旋花科牵牛。

4. 雄蕊的类型

(1) 离生雄蕊

雄蕊相互分离，如十字花科芸薹。

(2) 单体雄蕊

花药分离，花丝联合成一束，如锦葵科陆地棉。

(3) 二体雄蕊

花丝联合成两束，如豆科蚕豆。

(4) 多体雄蕊

花丝联合成多束，如金丝桃科金丝桃。

(5) 聚药雄蕊

花丝分离，花药联合，如菊科向日葵。

5. 花序的分类

有些植物的花单独生在茎上，但大多数植物的花按一定次序排列在花轴上组成花序。花序分为两大类，即无限花序和有限花序。

（1）无限花序

在开花期间，花序轴下部或周围的花先开放，然后向上或向中心依次开放，而花序轴顶端仍保持继续生长。根据花序轴的长短、形态、是否分枝，以及花梗的长短和有无等特征，又可将无限花序分为以下几种类型。

总状花序：花序轴较长、单一，花柄几乎等长，开花时由下往上开放，如芸薹、萝卜和荠。

伞房花序：花序轴上的花柄长短不等，下部的花柄较长，由下向上花柄逐渐变短，整个花序的花几乎在同一平面上，开花时由外向内依次开放，如苹果。

伞形花序：花序轴极短，许多花着生在花序轴顶部，各花柄近于等长，排列成圆球形，开花时由外向内依次开放，如韭。

穗状花序：花序轴较长、直立，上面着生许多无柄的两性花，开花时由下往上开放，如车前、马鞭草。

柔荑花序：花序轴柔软下垂，上面着生许多无柄的单性花，开花时由下往上开放，开花后整个花序一起脱落，如垂柳、桑、枫杨。

肉穗花序：花序轴肉质、粗短，上面着生许多单性无柄的花，开花时由下往上开放，有的肉穗花序外面有一片大型苞片，称佛焰苞，故也称佛焰花序，如玉蜀黍、香蒲的雌花序。

头状花序：花序轴极度缩短，顶端膨大或扁平，盘状，各苞片常集成总苞，开花顺序由外向内，如向日葵、野菊。

隐头花序：花序轴特别膨大而呈凹陷状。许多无柄单性花聚生在肉质中空花序轴上，雄花在上，雌花在下，如无花果。

以上花序的花序轴不分枝，为简单花序，有些无限花序的花序轴分枝，每个分枝相当于一个花序，称复合花序，复合花序又可分为以下几种。

圆锥花序：又称复总状花序，花序轴顶端分枝，每个分枝为一个总状花序，整个花序近于圆锥形，如南天竹、稻。

复穗状花序：花序轴顶端分枝，每一个分枝相当于一个穗状花序，如小麦。

复伞形花序:花序轴顶端分枝,每一个分枝相当于一个伞形花序,如胡萝卜。

复伞房花序:花序轴顶端分枝,每一个分枝相当于一个伞房花序,如花揪属植物。

复头状花序:花序轴顶端分枝,每一个分枝相当于一个头状花序,如合头菊。

(2)有限花序

花序轴顶芽形成了花,顶花先开,限制了花序轴继续生长。有限花序有以下几种类型。

单歧聚伞花序:花序轴顶端发育成花后,在顶花下面主轴的一侧形成一侧枝,同样在枝顶开花,侧枝复以同样的方式继续分枝,因而为合轴分枝。如其侧枝向同一方向生长,称为螺状聚伞花序,如勿忘草;如其侧枝左右间隔形成,称为蝎尾状聚伞花序,如唐菖蒲。

二歧聚伞花序:花序轴顶端发育为一花后,顶花下同时生二侧枝,侧枝顶端各发育一花,以后又以同样的方式产生侧枝,如石竹。

多歧聚伞花序:花序轴顶端发育一花后,停止生长,顶花下同时生几个侧枝,侧枝常比主轴长,侧枝顶端形成一花后,又以同样的方式产生侧枝,如泽漆。

6.果实的类型

(1)单果

一朵花中仅有一枚雌蕊,形成一个果实。果皮可分为外、中、内三层。根据果皮是否肉质化,可将单果分为干果和肉果两类。

干果果实成熟时,果皮为干燥状态,有的开裂(自行开裂),称裂果类,有的不开裂,称闭果类。

根据心皮数目和果实的开裂方式,将裂果类果实划分为以下类型。

荚果:由单心皮的上位子房发育而成,成熟时沿背缝线和腹缝线两条线裂开,如大豆、豌豆。

蓇葖果:由单心皮发育而成,成熟时沿一条缝线开裂,如木兰。

蒴果:由两个以上心皮合生而成,成熟时果实以多种方式开裂,如陆地棉的果实为纵裂。

角果:由两个合生心皮和上位子房发育而成,从边缘胎座形成的假隔膜将子房分为两室,果实成熟时果皮由下而上沿两侧腹线纵裂成两瓣,如荠、芸薹。

闭果类果实有以下几种类型。

瘦果：由单心皮或多心皮发育而成的果，成熟后不开裂，如毛茛、向日葵。

颖果：果皮薄、革质，内含一粒种子，成熟时果皮与种皮愈合，不易分离，如玉米。

翅果：由一个或多个心皮发育而成，果皮延展成翅状，可助果实的传播，如槭属植物。

坚果：果皮坚硬，内含一粒种子，如榛和栗。

双悬果：由两个合生心皮的下位子房发育而成，每室各含1粒种子，成熟时心皮沿中轴分离成两个悬垂的小坚果，悬挂在中央果柄的上端，如胡萝卜。

肉果为果皮肥厚多汁的果实，有以下几种类型。

浆果：外果皮膜质，中果皮、内果皮均肉质化，充满汁液，内含一至多枚种子，如葡萄、番茄、茄。

柑果：由合生心皮上位子房发育而成。外果皮海绵状，具油腺，中果皮薄，分布有维管组织，内果皮具有若干肉质多汁的汁囊，每室含数粒种子，如柑橘属植物。

瓠果：由合生心皮的下位子房和花托参与形成的一种肉果，外果皮较坚硬，中、内果皮肉质化，子房具一室多种子，如黄瓜。

核果：由单心皮或合生心皮发育而成的一种肉果，外果皮薄，中果皮肉质，内果皮骨质，内有一室含一粒种子或数室含数粒种子，如桃、李、枣。

梨果：由合生心皮的下位子房和花萼筒愈合共同发育而成的一种肉质果实，肉质的外、中果皮为花萼筒部分，内果皮呈软骨质，如苹果、白梨。

（2）复果

复果（聚花果）是由整个花序发育而成的果实，如桑葚、凤梨。

第三节
植物标本采集

一、植物标本采集工具

植物标本采集常备工具包括数码相机、全球定位系统(简称GPS)、罗盘、普通放大镜、植物解剖器、游标卡尺、直尺(30 cm)、钢卷尺(2 m)、皮卷尺、枝剪、小铲、草纸(或报纸)、野外记录本、铅笔、记号笔、橡皮、植物标本夹等。

标本夹:横向4根木条和纵向2根木条,制作规格为56 cm×48 cm,横条宽度为3.5 cm,高度为1 cm,长度为56 cm,横条间纵向间隔为6 cm,外侧横条与纵条顶端间隔8 cm,纵条宽度3.5 cm,高度3.5 cm,长度48 cm,纵条间隔为34 cm,纵条外侧与横条顶端间隔7.5 cm;在纵条上刻宽3.5 cm,长3.5 cm,深1 cm的槽,将横条镶嵌在槽中,用2个螺丝钉固定,如图1-3-1所示。标本夹可以用尼龙绳或麻线固定。标本采集纸建议选用报纸。

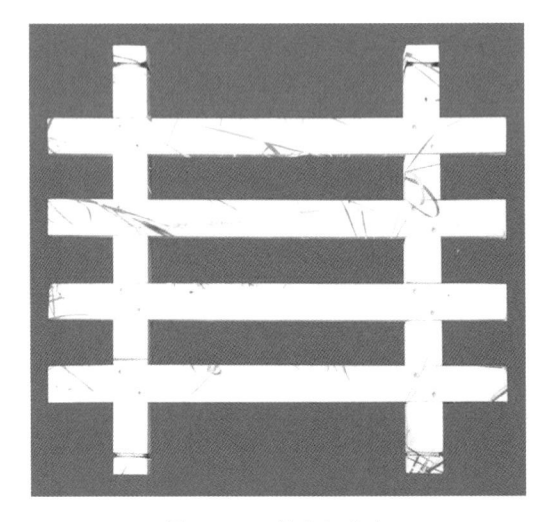

图1-3-1 植物标本夹

二、植物标本采集方法

标本采集部位的选择原则是以最小的面积展示最完整的特征,即选取有代表特征的植物体各部分器官,一般除采枝叶外,还要采集花或果。一份合格的标本具备三项基本条件:一是种子植物标本要带有花或果(种子),蕨类植物要有孢子囊群,苔藓植物要有孢蒴,以及其他有重要形态鉴别特征的部分,如竹类植物要有几片箨叶、一段竹竿及地下茎;二是标本上挂有号牌,号牌上写明采集人、采集号码、采集地点和采集时间4项内容,据此可以根据号码查到采集记录;三是附有一份详细的采集记录,记录内容包括采集日期、采集地点、生境、性状等,并有与号牌相对应的采集人和采集号码。通常,每种植物要采三至多个复份。要用枝剪来取标本,不能用手折,因为容易损伤植物且压成的标本也不美观。不同植物标本应选用不同的采集方法。

(1) 木本植物

应采集典型、有代表性特征、带花或果的枝条。对先花后叶的植物,应先采花,后采枝叶,雌雄异株或同株的,雌雄花应分别采集。一般应有二年生的枝条,因为二年生的枝条较一年生的枝条常常有许多不同的特征,同时还可见该树种的芽鳞有无和多少。如果是乔木或灌木,标本的先端不能剪去,以便区别于藤本类。

(2) 草本及矮小灌木

要采集地下部分,如根茎、匍匐枝、块茎、块根或根系等,以及开花或结果的全株。

(3) 藤本植物

剪取中间一段,在剪取时应注意该段是否能够展示该种藤本的性状。

(4) 寄生植物

须连同寄主一起采集。并且寄主的种类、形态,以及同被采的寄生植物的关系等要体现在采集记录上。

(5) 水生植物

很多有花植物生活在水中,有些种类具有地下茎,采集这种植物时,有地下茎的应采地下茎,这样才能显示出花柄和叶柄着生的位置。采集时必须注意有些水生植物全株都很柔软且脆弱,一提出水面,它的枝叶即彼此粘贴重叠,带回室内后常失去其原来的形态。因此,采集这类植物时,最好整株捞取,用塑料袋包好,放在采集箱里,带回室内立即将其放在水盆中,等到植物的枝叶恢复为原来的形态时,用一张旧报纸,放在浮水的标本下轻轻将标本提出水面后,立即放在干燥的草纸里好好压制。

(6)蕨类植物

选择有孢子囊群的植株,连同根状茎一起采集。

三、植物标本野外采集记录

通常,在野外采集时只能采集整个植物体的一部分,而且有不少植物压制后的颜色、气味等与原来的存在差别,因此,野外采集标本必须进行记录。一般野外采集记录内容的选择需要坚持两条基本原则,一是选择在野外能看见,而在制成标本后无法呈现的内容,二是选择标本压干后会消失或改变的特征。例如,植物的产地,生长环境,习性,叶、花、果的颜色和有无香气或乳汁,采集日期,采集人以及采集号码等必须加以记录。记录时应该注意观察,在同一株植物上如果有两种叶形的叶,而采集时只能采到一种叶形的叶的话,就要靠记录工作来进行补充了。此外,如禾本科植物芦苇等高大的多年生草本植物,我们采集时只能采到其中的一部分,因此,我们必须将植物的高度、地上及地下茎的节的数目、颜色等记录下来,这样采回来的标本对植物分类工作者才有价值。因此,在采集标本时,要详细、认真地进行野外记录和编号,按野外采集记录本所要求的项目逐项填写。表1-3-1是常用的植物标本野外采集记录表。

表1-3-1 植物标本野外采集记录表

号数:	标本份数:	采集人:	采集日期:
采集地:			
纬度:	经度:	海拔:　　　　m	
同生植物:			
类型:乔木　　灌木　　藤本　　草本			
生长型:直立　　攀缘　　缠绕　　匍匐			
根系:直根　　须根			
物候期:发芽期　　孕蕾期　　开花期　　结实期			
叶:			
花:			
果实:			

(续表)

树皮:			
高度:	cm/m	胸高断面处周长:	
中文名:	学名:	俗名:	
附记:			

在野外进行记录时,同时间、同地点采集的同植物编为一个号。在不同地点、不同时间采集的同种植物要分别编号。号牌上的号码要与采集记录本上的号码一致,不能重号、漏号,每个号码下标本的份数要在采集记录本上登记。要用铅笔填写野外记录表和号牌。

四、植物标本制作

（1）整形

对采到的标本根据有代表性、面积要小的原则进行适当的修理和整枝,剪去多余密叠的枝叶,以免遮盖花果,影响观察。如果叶片太大不能在夹板上压制,可沿着中脉的一侧剪去全叶的40%,保留叶尖。若是羽状复叶,可以将叶轴一侧的小叶剪短,保留小叶的基部以及小叶片的着生部位,保留羽状复叶的顶端小叶。对肉质植物如景天科、天南星科、仙人掌科植物等先用开水烫一下,对球茎、块茎、鳞茎等除用开水烫外,还要切除一半,再压制,以便促其干燥。

（2）压制

将整形、修饰过的标本及时挂上小标签,把有绳子的一块木夹板作为底板,上置吸水纸4～5张。然后将标本逐个与吸水纸相互间隔,平铺在板上,铺时须将标本的首尾不时调换位置,在一张吸水纸上放同一种植物,若枝叶拥挤、卷曲,可选用"I""V""N"字形排布。标本要拉开伸展,叶要正反面都有,过长的草本或藤本植物可作"N""V""W"形的弯折,最后将另一块木夹板盖上,用绳子缚紧。

（3）换纸干燥

标本压制头两天要勤换吸水纸,每天早晚两次。换出的吸水纸应晒干或烘干,换纸的频率以及纸的干燥程度,对压制标本的效果影响很大。要特别注意,如果头两天不换干纸,标本颜色会转暗,花、果及叶脱落,甚至发霉腐烂。在第二、第三次换纸时,小心对标本进行整形,使枝叶展开,不使之折皱。易脱落的果实、种子和花,要用小纸袋装好,放在标本旁边,以免翻压时丢失。

(4)干燥器干燥

标本也可用便携式植物标本干燥器烘干。原理是通过轴流风机将聚热室中的普通电炉丝和红外辐射同步加热的热气流均匀地吹向干燥室,从瓦楞纸中间的空隙穿过,将植物标本中的水分迅速带走,使标本得以快速干燥。同时干燥器所用的红外辐射有杀虫、灭菌作用,有利于植物标本的长期保存。

(5)标本临时保存

标本干后,如不立即上台纸,可留在吸水纸中保存较长时间。如吸水纸不够用,也可将标本从吸水纸中取出,夹在旧报纸内暂时保存。

第四节 双名法

一、植物的科学命名的意义

由于语言和文字的差异,不同国家和地区的人民在交流开发利用植物资源的经验时存在许多困难和障碍,出现了"同物异名"和"同名异物"的现象。同物异名的例子很多,在我国如玉蜀黍,在不同地区有玉米、包谷、麻蜀棒子、苞米等名称,这些名称统称为俗名。同样,同名异物的现象也很普遍,例如,白头翁是毛茛科的一种药用植物,可在我国不同地区,有多种植物的俗名都叫白头翁。

为了便于交流,消除语言和文字障碍,国际上统一使用拉丁文来给每种植物命名,称学名。植物的学名有单名、双名和三名。单名是指一个分类群的名称只有一个单词(属和属以上的分类群的名称)。双名是种的名称,也称种名,是由两个单词组成的,即属名加种加词。三名是指种以下分类群的名称,构成方法是在种名的基础上,再增加一个单词(例如亚种加词),即由三个单词组成学名。

植物的科学命名依赖于科学的分类单位,然后由不同的分类单位组成分类系统。在国际植物分类学研究中,主要分类单位是界、门、纲、目、科、属、种7级,再加上一些亚级单位(例如,在属和种之间还有一些分类群名称),就构成了植物分类学的命名系统,参见表1-4-1。只含有一个种的属叫单型属,而含有多个种的属叫多型属,在多型属中可分为若干亚属、组、系。

表1-4-1 植物分类单位等级名称

中文	拉丁文	词尾	英文	举例
界	Regnum	—	Kingdom	植物界
门	Divisio(Phylum)	-phyta	Division	种子植物门
亚门	Subdivisio	-phytina	Subdivision	被子植物亚门

(续表)

中文	拉丁文	词尾	英文	举例
纲	Classis	-opsida,-eae	Class	单子叶植物纲
亚纲	Subclassis	-idae	Subclass	百合亚纲
目	Ordo	-ales	Order	百合目
亚目	Subordo	-ineae	Suborder	百合亚目
科	Familia	-aceae	Family	鸢尾科 Iridaceae
亚科	Subfamilia	-oideae	Subfamily	—
族	Tribus	-eae	Tribe	—
亚族	Subtribus	-inae	Subtribe	—
属	Genus	-us,-a,-um	Genus	鸢尾属 Iris
亚属	Subgenus	—	Subgenus	无附属物亚属 Limniris
组	Sectio	—	Section	无附属物组 Limniris
亚组	Subsectio	—	Subsection	—
系	Series	—	Series	—
亚系	Subseries	—	Subseries	—
种	Species	—	Species	玉蝉花 Iris ensata
亚种	Subspecies	—	Subspecies	—
变种	Varietas	—	Variety	花菖蒲 I. ensata var. hortensis
亚变种	Subvarietas	—	Subvariety	—
变型	Forma	—	Form	—
亚变型	Subforma	—	Subform	—

人们在给各种植物赋予名称时，必须参照一些严格的规则和程序，从而在世界范围内都能把每个学名与每种植物一一对应起来，这就是命名。每一种植物都有一个学名，这就便于植物分类工作者根据植物之间的亲缘关系划分出不同的类别以及作不同的等级排列，这项工作叫分类。分类方法又可分为人为分类（以形态、习性等方面的某些特点作为分类依据，不考虑种类彼此间的亲缘关系及其在系统发生中地位

的一种分类方法,已逐渐被自然分类所替代)和自然分类(根据植物的自然演化过程和彼此之间亲缘关系进行分类的方法,反映了植物的自然历史发展规律)两种。

在植物分类学上,任何等级上的所有植物,叫分类群。分类群也称分类单元,或称分类单位。植物分类工作者通过研究将未知的分类群和已知的分类群进行对比,或将未知的分类群归入已知的分类群的行为和结果,称为鉴定。由此可见,植物的科学命名是一项十分重要而烦琐的工作,命名和分类是密切相关的。

二、双名法

创建双名法以前,欧洲的植物学家们已经发现了在植物命名方面的混乱现象,他们曾提出"多名法""三名法"等,但这些方法最终都未被大家所接受。瑞典博物学家林奈(Carl von Linné,1707—1778年)在1753年出版的《植物种志》中提出,用两个拉丁文单词来命名植物(即双名法),后来这种方法被大家广泛接受。

1.命名方式

按照双名法的要求,植物的学名由属名名词和种名形容词(即种加词)构成,一个完整的学名后面还需要再加上最早给这个植物命名的作者名(命名人)。

在双名法中,属名是名词,名词被划分为阳性、阴性和中性以及相应的单数与复数,使用单数、主格。种加词一般是形容词,少数为名词,在语法上对种加词的要求是:为一致性定语时,使用形容词单数、主格,与属名同性;为非一致性定语时,使用单数(复数)所有格;为同位定语时,使用名词主格,性别为名词原有的性别。

例如,木贼的学名为 *Equisetum hyemale* L.;白车轴草(白三叶)的学名为 *Trifolium repens* L.;天山云杉(雪岭云杉)的学名为 *Picea schrenkiana* Fisch. & C. A. Mey.。

2.格式要求

用双名法命名植物时,植物的学名实际上由3个部分组成。在正式出版物中,对植物学名的书写具有严格的规定。属名首字母必须大写,种加词首字母小写,属名和种加词必须排斜体。命名人在任何情况下都为正体,并且首字母大写。但是,在植物志或一些植物专著中,在不影响交流和科学性的前提下,可以将命名人省略。例如,旱生韭(*Allium hymenorhizum* var. *dentatum* J. M. Xu)的学名中,*Allium* 是属名,*hymenorhizum* 是种加词,var. 表示变种,J. M. Xu是命名人。要注意var.须正体书写,而 *dentatum* 为变种种加词,须斜体书写。此外,由于林奈是植物分类学奠基者,学界对其十分熟悉,故在双名法命名中可以只写表示其姓的首字母L,这是约定俗成的。亚种和变型的写法与变种相同,一定要注意正体和斜体,以及字母的大小写。

植物学名的缩写,可以只保留属名的第一个大写字母,学名的种加词不变。在科技论文中,也可省去命名人。例如:白车轴草(白三叶)的学名为 *Trifolium repens* L. 缩写为 *T. repens* L. 或 *T. repens*。在对植物学名进行缩写时,要注意以双辅音字母开头的属名。

动物的双名法与植物的双名法基本相同。

第五节
植物检索表的使用

植物检索表是基于植物形态学比较法编制的鉴定植物种类的表格,根据植物种的一对显著对立特征,将一群植物归属两类,接着从每一类中再找出相对立的特征将其归属两小类,以此类推,直至鉴定出植物种的科、属、种。植物检索表可以单独成书,例如,《中国高等植物科属检索表》和《新疆高等植物检索表》,也可以记载在植物志等各种分类书刊中(如《中国植物志》),供植物种分类鉴定时参考。检索表的格式常有3种,需要掌握其格式和使用方法。

一、定距检索表

定距(等距)检索表将每一对对立的特征,给予同一号码,列在书页的左边同一距离处,如"1—1""2—2""3—3"……如此继续逐项列出,逐级向右错开,描写越来越短,直到科、属或种的名称出现为止。它的优点是将相对独立的特征都排在同样距离处,对照区别清楚,便于应用。缺点是种类过多时,项目多,检索表势必偏斜而浪费很多版面。例如:

1. 花被片6
 2. 瘦果具翅;雄蕊9;内轮花被片在结果时不增大·················1. 大黄属 *Rheum* L.
 2. 瘦果不具翅;雄蕊6;内轮花被片在结果时增大·················2. 酸模属 *Rumex* L.
1. 花被片4或5
 3. 灌木
  4. 叶常退化成鳞片状;雄蕊12~18;瘦果具齿或刺毛
   ···3. 沙拐枣属 *Calligonum* L.
  4. 叶常不退化成鳞片状;雄蕊6~8;瘦果无齿或刺毛
   ···4. 木蓼属 *Atraphaxis* L.

3. 灌木或半灌木

　　5. 瘦果与花被等长或略露出 ················· 5.蓼属 *Persicaria* (L.) Mill.

　　5. 瘦果超出花被1~2倍 ···················· 6.荞麦属 *Fagopyrum* Mill.

二、平行检索表

平行检索表将每一对相对立的特征，并列在相邻的两行里，每一行后面注明往下查的号码或是鉴定结果。平行检索表的优点是排列整齐且节省版面，缺点是不及定距检索表那么醒目清晰，但熟悉后使用也很方便。例如：

1. 花被片6 ·· 2
1. 花被片4或5 ··· 3
2. 瘦果具翅；雄蕊9；内轮花被片在结果时不增大 ············ 1.大黄属 *Rheum* L.
2. 瘦果不具翅；雄蕊6；内轮花被片在结果时增大 ············ 2.酸模属 *Rumex* L.
3. 灌木 ··· 4
3. 灌木或半灌木 ··· 5
4. 叶常退化成鳞片状；雄蕊12~18；瘦果具齿或刺毛 ········ 3.沙拐枣属 *Calligonum* L.
4. 叶常不退化成鳞片状；雄蕊6~8；瘦果无齿或刺毛 ········ 4.木蓼属 *Atraphaxis* L.
5. 瘦果与花被等长或略露出 ····················· 5.蓼属 *Persicaria* (L.) Mill.
5. 瘦果超出花被1~2倍 ························ 6.荞麦属 *Fagopyrum* Mill.

三、连续平行检索表

连续平行检索表的格式与上述两种相似，但它更接近于平行检索表。这种格式是把所有对立的特征，平行地排列起来，按照顺序编排号码，每一序号之后，又在括号内列出另一个号码，即与本行相对立特征行的序号，在虚线的后面为鉴定结果。例如：

1.(4) 花被片6

2.(3) 瘦果具翅；雄蕊9；内轮花被片在结果时不增大 ············ 1.大黄属 *Rheum* L.

3.(2) 瘦果不具翅；雄蕊6；内轮花被片在结果时增大 ············ 2.酸模属 *Rumex* L.

4.(1) 花被片4或5

5.(8) 灌木

6.(7)叶常退化成鳞片状;雄蕊12~18;瘦果具齿或刺毛 …… 3.沙拐枣属 *Calligonum* L.
7.(6)叶常不退化成鳞片状;雄蕊6~8;瘦果无齿或刺毛 …… 4.木蓼属 *Atraphaxis* L.
8.(5)灌木或半灌木
9.(10)瘦果与花被等长或略露出 ……………………………… 5.蓼属 *Persicaria* (L.) Mill.
10.(9)瘦果超出花被1~2倍 ……………………………………… 6.荞麦属 *Fagopyrum* Mill.

另外,现在已建有《中国植物志》电子版资源,故可以通过"植物智"网站查阅植物物种及相关信息。同时,手机上的各种植物识别软件可作为识别植物种类的辅助工具。

第六节
爬行动物调查采样

爬行动物是最早摆脱对水环境依赖的脊椎动物类群,爬行动物是脊椎动物从水栖到陆生、由简单向复杂演化的重要一环。

一、调查采样准备

1. 信息准备

在调查爬行动物之前要先了解与它们相关的各种生态学信息,如生活节律、分布范围、分布海拔、适宜生境等。可以事先从当地的爬行动物志或互联网上了解这些信息。

2. 确定时间

爬行动物是变温动物,活动受温度影响较大,很多种类具有季节性休眠的习性,因此想要在野外观察到爬行动物应该选择它们的活动旺季。一般来说,每年5—9月是爬行动物的活动高峰期,11月末至次年3月则为休眠期,在休眠期的爬行动物一般不食不动地蛰伏于隐蔽处。

不同种类的爬行动物有着不同的日活动节律,对于昼行性的种类来说,它们每天在太阳升起后逐渐开始活动,正午气温最高时通常会伏于隐蔽处,而在太阳落山前气温回落时将迎来第二个活动高峰。夜行性的种类多数于太阳落山后开始活动,常持续至次日凌晨。

3. 确定地点

一般来说,越是气候温暖、降水充沛、植被层次丰富的地区物种多样性越高。在我国南方的热带、亚热带森林,不同种类的爬行动物在垂直空间和水平空间均有分布,它们有的生活在地面,有的生活在树上,还有的生活在地下。尽管多样性丰富,但垂直空间的分布降低了与它们偶遇的概率,想找到爬行动物并不容易,所以在进行野外调查前一定要先了解它们的生活节律及适栖环境。夜晚是观察爬行动物的最好时机,水源地附近及林中防火道是寻找爬行动物的理想场所,常出现一些夜行性的蛇类。白天精力旺盛的蜥蜴到了夜晚便安静下来,趴伏于树枝或植物叶片上酣睡。

二、伊犁河谷常见爬行动物

1. 蜥蜴科(Lacertidae)

蜥蜴科体形较小,具带鳞片的皮肤,腭关节牢固,尾巴长,体形长,四肢平铺于身体侧面,耳朵位于脑袋侧面小洞里,鳞片形态多样。

2. 陆龟科(Testudinidae)

陆龟科在世界范围内已记录约59种,广泛分布于亚洲、欧洲、非洲、北美洲及南美洲。

四爪陆龟(*Testudo horsfieldii*):头中等大小,头顶覆盖成对的大鳞,额鳞较大,上喙前端具3个尖突,喙缘具细锯齿。成体背甲近圆形,高拱,长10~15 cm,背面及腹面呈砂黄色,每枚盾片上具形态不规则的黑色斑,腹面黑色斑更为显著;头部、四肢及尾多呈黄褐色,四肢粗壮,指、趾均为4爪。栖息于干旱的半沙漠草原丘陵,掘穴而居。取食各种植物叶片及果实。国内仅分布于新疆西部,国外常见于中亚及东欧地区。为国家一级重点保护野生动物。

第七节
节肢动物调查与功能性状测量

一、草地群落节肢动物门常见纲的主要识别特征

(1)蛛形纲

体躯分为头胸部、腹部两部分;四对足,无触角,以肺叶或气管进行呼吸;绝大多数为陆生。

(2)倍足纲

体躯分为头部、躯干两部分;多数体节具两对行动足,一对触角,以气管进行呼吸;陆生。

(3)唇足纲

体躯分为头部、躯干两部分;每体节具有一对步足,第一对步足特化成钩状毒爪(又称颚足、颚肢);一对触角;以气管进行呼吸;陆生。

(4)综合纲

体躯分为头部、躯干两部分;有12对步足,但第一对足不特化为钩状毒爪;一对触角;以气管进行呼吸;陆生。

(5)少足纲

体躯分为头部、躯干两部分;第三至第九体节各一对足,一对触角,以气管进行呼吸;陆生。

(6)昆虫纲

体躯分为头、胸、腹三个体段;头部具一对触角,具口器,通常还有单眼和复眼;胸部具三对足,一般还有两对翅;腹部末端具外生殖器;以气管进行呼吸;陆生或水生。

二、昆虫纲常见目的主要识别特征

(1)蜻蜓目

咀嚼式口器,下口式;触角一对,刚毛状;复眼发达;具两对膜质的翅;尾须短小,不分节。半变态。

(2)螳螂目

头三角形,咀嚼式口器,下口式;触角一对,丝状;具两对翅,前翅覆翅,后翅膜翅;前足捕捉足;尾须线状,多节。渐变态。

(3)直翅目

包括蝗虫、蝼蛄、蟋蟀和螽斯等。咀嚼式口器,多为下口式;触角一对,丝状、剑状或球杆状;前胸背板发达,后足为跳跃足或前足为开掘足;具两对翅,前翅覆翅,后翅膜翅;产卵器发达,呈锥状、刀状、剑状或长矛状;尾须一对,不分节。渐变态。

(4)缨翅目

如蓟马。体微小至小型;锉吸式口器,下口式;触角一对,丝状;无翅或具两对缨翅;无尾须。过渐变态。

(5)同翅目

如蝉、蚜和蚧。刺吸式口器,后口式;触角刚毛状或丝状;具两对翅,前翅覆翅或膜翅,后翅膜翅。渐变态或过渐变态。

(6)半翅目

如蝽。刺吸式口器,后口式;触角丝状;前胸背板及中胸小盾片均发达;两对翅,前翅半鞘翅,后翅膜翅。渐变态。

(7)脉翅目

包括草蛉、蚁蛉、蛭蛉和蝶蛉等。咀嚼式口器,下口式;触角一对,丝状、念珠状或球杆状;复眼发达;具两对膜质的翅,翅脉在翅的边缘多分叉;无尾须。全变态或复变态。

(8)鞘翅目

俗称甲虫。咀嚼式口器,下口式或前口式;触角一对,形状多样;前胸背板发达,中胸仅露出三角形小盾片;具两对翅,前翅鞘翅,后翅膜翅;无尾须。全变态或复变态。

(9)双翅目

如蚊、蝇和蠓。口器刺吸式、舐吸式或刮吸式,下口式;触角丝状、环毛状、短角状或具芒状；具两对翅，前翅膜翅，后翅特化为平衡棒；无尾须。全变态。

(10)鳞翅目

如蛾类和蝶类。体被鳞片，口器虹吸式；触角线状、羽状或球杆状；具两对鳞翅；无尾须。全变态。

(11)膜翅目

如蜂或蚁。嚼吸式或咀嚼式口器，下口式或前口式；触角形状多变化；中胸发达，分为盾片和小盾片两部分；有并胸腹节或腹柄；两对膜质翅；无尾须。全变态。

(12)毛翅目

如石蛾。体小至中型；口器咀嚼式；复眼发达；触角丝状多节；翅狭长，翅面被毛。全变态。

(13)长翅目

如蝎蛉。体中型；头部延长成喙；口器咀嚼式，下口式；复眼发达；触角丝状多节；翅膜质，有翅痣；雄虫第9腹节腹板后延伸成叉状突起，其外生殖器膨大呈球状，末端数节向背方举起如蝎子的尾。全变态。

(14)蜚蠊目

如蟑螂。体扁平，长椭圆形；口器咀嚼式；触角长丝状；前胸背板大，盾形，盖住头部；前翅革质，后翅膜质；尾须多节。渐变态。

(15)革翅目

如蠼螋。中、小型昆虫；口器咀嚼式；多具翅，前翅短，革质，末端多平截；后翅膜质，宽大扇形；静止时，后翅折叠隐藏于前翅下；腹部末端具尾铗。渐变态。

(16)蜉蝣目

口器退化；具网状翅脉，静止时竖立不折叠；胸部各节并合不紧密，腹部具尾须和中尾丝。原变态。

(17)竹节虫目

中型或大型昆虫，体长3~30 cm；多数体色呈深褐色，少数为绿色或暗绿色；体形细长，呈竹节状或宽叶片状；口器为咀嚼式；触角短或细长，呈丝状或念珠状；有翅或无翅，有翅种类的翅多为两对，前翅革质；具极佳的拟态；尾须1对，短小不分节。渐变态。

三、伊犁河谷常见昆虫种类

旖凤蝶 *Iphiclides podalirius*：前翅有7条黑色横带，其中第1、第2、第4和第7条到达翅的后缘，第3和第5条只到翅的中部。后翅后缘和中部各有1条黑带，外缘黑带镶有5个新月斑，其中靠前缘1个为黄色，其余4个为蓝色；臀角有1个黑色蓝心的三角斑及赭黄色横斑。前翅反面第4条黑带基半部嵌有黄色条纹，第6条黑带分裂为2条黑色条纹；后翅反面中部黑带的中间夹有1条橙色细线。

红襟粉蝶 *Anthocharis cardamines*：翅白色。前翅顶角及脉端黑色，中室端有1个肾形黑斑，雄蝶翅端部（中室端斑以外）橙红色，雌蝶前翅全部为白色；后翅反面有淡绿色云状斑，从正面可以透视。

云粉蝶 *Pontia edusa*：翅面青白色，脉纹灰褐色；前翅外缘脉端的褐斑呈楔形，亚外缘有间断的灰褐色带，中室端具长方形黑斑；雄蝶前翅顶端的斑纹大且清晰，雌雄蝶后翅反面的斑纹呈三角形或圆形，不呈条状。

暗脉粉蝶 *Pieris napi*：翅展40~50 mm。雄蝶前翅正面乳白色，前缘黑褐色，顶角黑斑窄且被脉纹分割，m3（第三中脉）室的黑斑不发达或消失，cu2（第二肘脉）室无黑斑；后翅前面边缘有1个三角形的黑斑；前翅反面的顶角淡黄色，cu2（第二肘脉）室有明显的黑斑，其余同正面；后翅反面淡黄色，基角处有1个橙色斑点，脉纹暗褐色明显，通常比黑纹粉蝶粗。雌蝶翅基部淡黑褐色，黑色斑及后缘末端的条纹扩大，正面的脉纹明显，其余同雄蝶；夏型雌蝶顶角斑缩小，后翅翅面的暗色脉纹加粗。

银斑豹蛱蝶 *Speyeria aglaja*：翅黄褐色，外缘线2条，常合并成1条黑色宽带。雄蝶前翅有3条极细的性标，反面前翅顶角暗绿色，外侧有4~5个近圆形的小银色斑。雌蝶在内侧有3个很小的银色纹，后翅暗绿色；银色斑特别悦目，共3列：外列有7个，弧形排列；中列7个，曲折排列，中间1个很小；内列3个，基部有2个，中室基部1个小圆斑。

黄缘蛱蝶 *Nymphalis antiopa*：翅正面浓紫褐色，外缘有灰黄色宽边，内侧有7~8个蓝紫色的椭圆形纹排列成的横列，前翅顶角附近有2个白色斜斑。翅反面黑褐色，有极密的黑色波状细纹，外缘黄白色。

荨麻蛱蝶 *Aglais urticae*：翅橘红色。正面前翅前缘黄色，有3块黑斑，后缘中部有1个大黑斑，中域有2个较小黑斑；后翅基半部灰色；两翅亚缘黑色带中有淡蓝色三角形斑列。反面前翅黑赭色，前缘有3个黑色斑与正面一样，顶角和端缘带黑色；后翅褐色,基半部黑色;外缘有模糊的蓝色新月纹。

矍眼蝶 *Ypthima balda*:体茶褐色,腹面色灰。正面翅茶褐色,前翅亚端部下方有黑底蓝色双心黄圈大眼斑1个,眼斑周围色稍淡;后翅后缘区与亚端区色稍淡,蓝心黑底黄圈眼斑2个位于第2和第3室。反面翅灰褐细纹相间,前翅反面的眼斑如正面;后翅反面有6个眼斑,每两个互相靠近,臀角上的2个最大。

钩粉蝶 *Gonepteryx rhamni*:雄蝶翅淡黄色,雌蝶翅淡绿色或黄白色,前翅顶角呈锐状钩突状,雌翅更加明显。前后翅中室内的橙色圆斑不太显著。

多眼灰蝶 *Polyommatus eros*:雄蝶翅紫蓝色,前后翅有黑色缘带及外缘有圆点列;雌蝶翅暗褐色,除外缘有圆点外还有橙红色斑,前后翅各6个。反面翅灰白色,前翅有2列黑斑沿外缘弧形平行排列,中间夹有橙红色带,亚缘列新月形,外横列斑7个弓形弯曲,后翅黑斑排列与前翅相似,另在基部有1列黑斑(4个),前后翅黑斑皆围白色环。

绢粉蝶 *Aporia crataegi*:翅正反面均为白色,脉纹黑色。后翅反面的中部,常散布一层淡灰色鳞毛。虫体大小:翅展63～73 mm。

孔雀蛱蝶 *Inachis io*:翅正面朱红色;前翅顶角有孔雀尾斑纹,其外侧包黑色半环,中间散有青白色鳞片;后翅色暗,中室下方朱红色,前缘附近有孔雀尾斑,中心黑色,闪青紫色光。翅反面黑褐色,有浓密的黑色波状细线。

阿波罗绢蝶 *Parnassius apollo*:前翅较圆,白垩色,翅表有许多黑点、灰白斑及无鳞透明区,这些斑点的形状、密度及颜色深度常随产地的不同而有所变化,但后翅通常总有显著的鲜红色斑点。

大黄枯叶蛾 *Trabala vishnou gigantina*:触角干灰白色,羽枝长而密,灰褐色。雄蛾前翅暗黄褐色;中室端斑灰白色,较大;外线灰黄色,弧形,较细。后翅颜色稍淡,无斑纹。

绿豹蛱蝶 *Argynnis paphia*:雌雄异型。雄蝶翅橙黄色;雌蝶翅暗灰色至灰橙色,黑斑较雄蝶发达。雄蝶前翅有4条粗长的黑褐色性标,中室内有4条短纹,翅端部有3列黑色圆斑,后翅基部灰色,有1条不规则波状中横线及3列圆斑。

单环蛱蝶 *Neptis rivularis*:翅正面黑色,有白色斑纹;雄蝶前翅中室被白色长条纹分成5段,中室端下方有2个大白斑;后翅中部有1条横带纹。翅反面栗褐色。

七星瓢虫 *Coccinella septempunctata*:体长5.2~7.0 mm,宽4.0~5.6 mm。虫体卵圆形,腹部平坦,背面弧形或半球形拱起。主要捕食蚜虫、介壳虫、粉虱、螨类等害虫,是一类重要的天敌昆虫。

四、节肢动物功能性状

节肢动物功能性状见表1-7-1。

表1-7-1 节肢动物功能性状

性状		性状内容	性状与环境的关系
形态	体形	包括身体的长度、宽度、重量和体积等	环境条件影响体形，而体形影响个体能利用的资源种类和资源利用量
	眼形态	包括眼数量、眼大小和视力等	眼形态由猎物、捕食者和环境共同决定
	呼吸系统	进行气体交换的结构的特性	呼吸模式类型直接影响个体的干旱耐受性和脱水抗性
	体毛	体毛覆盖度：包括体毛的长度和密度	非生物条件和生物条件相互作用（例如传粉），从而影响体毛所提供的适合度和行为表现
	颜色	包括颜色种类、深度和对比度	非生物条件和生物条件相互作用（例如捕食），从而影响颜色所提供的适合度和行为表现
摄食	摄食群	表示机体摄取食物的类型，机体依靠摄食群获取养分	摄食群影响物种生长、繁殖和生存的资源质量
	摄食速率	特定时间内的食物消费量	摄食速率反映个体在特定时间内对营养和能量需求，摄食速率与食物质量相关
	咬合力	口器对食物所施加的生物机械力	咬合力影响食物网的组成，从而影响生态系统
生活史	个体发育	发育过程：包括各发育阶段的类型与时间	个体对环境胁迫的响应和对生态系统的影响能够显著改变个体生活史；环境条件变化能够影响个体发育和生态系统过程
	窝卵数	在一次繁殖中个体所产的卵数量或幼年个体数量	环境条件影响物种的后代数量，卵数量对环境条件表现为显著响应；后代数量对生态系统也有影响
	卵大小	卵的体积或重量	卵大小与个体对环境和特定气候条件的抵抗能力相关
	寿命	个体所存活的时间，从出生至死亡的年龄持续期	环境胁迫对个体寿命有重要影响
	成熟期年龄	第一次繁殖发生的年龄	环境胁迫能够改变成熟期年龄，从而影响种群大小和生态系统
	繁殖次数	雌性个体所实现的孵卵次数或雄性个体所实现的繁殖次数	在个体存活期内繁殖次数、繁殖期分布具有相应的适合度效应
	繁殖方式	产生子代的方式（有性或无性）	环境胁迫改变繁殖方式，繁殖方式影响种群大小和生态系统

(续表)

性状		性状内容	性状与环境的关系
生理	静止期代谢速率	个体在静止期所消耗的能量	代谢速率与生物体的行为、寿命和繁殖等特征相关
	相对生长速率	有机体在单位时间内重量的增加量	相对生长速率与个体大小和成熟期年龄等生活史性状相关联,相对生长速率能够影响生殖和存活
	干旱抗性	承受干旱胁迫的能力	个体的抗旱能力与个体对水的利用机制和环境有关
	水淹抗性	陆生个体在水下生存的能力	洪水、降水频率和强度的提高能够对陆生个体的生存产生巨大影响
	盐度抗性	承受高盐度条件的能力	对高盐度条件的承受能力取决于高盐胁迫下物种的生存机制
	温度忍耐性	高温、低温下的生存能力	对热和冷的忍耐性决定在极端温度胁迫下物种的生存能力
	pH抗性	承受酸性和碱性条件的能力	物种对酸性和碱性条件的承受能力决定个体在酸性、碱性胁迫下物种的生存能力
行为	活动时间	一个物种在24 h内的活动周期	环境条件如气候条件决定物种的活动时间;气候条件能够通过非同步性来影响生态系统功能
	聚集	个体的聚集情况	个体聚集能够减少微气候胁迫的影响,尤其是对克服冷与旱的胁迫十分重要
	扩散	动物通过自主导向性移动从一处转移至另一处	扩散增加个体与新生境、资源、交配对象的联系途径,并有效创造避开不利环境条件的机会
	移动速度	个体自主移动的速度	生境条件和生物条件相互作用,从而影响移动速度,反映了个体对资源的有效利用、采食、对捕食者的躲避等能力

第八节
伊犁河谷常见鸟类

1. 鸭科

鸳鸯 *Aix galericulata*：体长450 mm左右。雄鸟额、头顶中央翠绿，枕部紫铜色，与后颈的暗紫、绿色长羽组成羽冠，眉纹白色，背、腰、尾上覆羽及尾羽均暗褐色，具金属铜绿色闪光，翅大多暗褐色，初级飞羽外缘似银灰色，最内一枚飞羽内翈栗黄色，扩大直立成帆状饰羽，颈侧领羽细长如矛，辉栗色；颏、喉、颊几纯栗色，下体余部呈暗紫、绒黑、乳白等色，胸侧各有3道黑带。雌鸟上体大都灰褐色，眼周和眼后纹白色，初级飞羽外缘银灰色，下体羽色浅淡，腹和尾下覆羽白色，无羽冠饰羽和领羽，喙红棕色，脚黄褐色。栖于江河、水田等处，多成对或集小群活动，可20余只结群。为国家二级重点保护野生动物。

绿头鸭 *Anas platyrhynchos*：体长508~590 mm。雄鸟头、颈翠绿闪金属光泽，颈基有一白环，上背、肩灰褐色且密杂黑褐色虫蠹状细纹，下背棕褐色，腰、尾上覆羽灰褐色，两对中央尾羽黑色而向上弯曲，外侧尾羽辉黑褐色且具白缘，翅大多灰褐色，翼镜金属蓝色，前后均镶白边，胸及两侧深栗色，两胁和腹灰色，密布褐色蠹状细纹，尾下覆羽黑色。雌鸟额、头顶和枕均黑色，羽缘淡黄色，头侧、颈部黄色且杂褐色纵纹，尾羽淡褐色；下体大多淡棕黄色且杂黑褐色蠹状纹。喙黄绿色，喙甲黑色，脚橙红色。栖于湖泊、江河、水库等地。白天群栖于江河岸边，晚上常飞往水田觅食。

2. 鹰科

黑鸢 *Milvus migrans*：体长610 mm左右。额灰褐色，头顶、后颈至腰均暗褐色，各羽具黑色羽干纹，尾上覆羽褐色具白端，尾凹形，暗褐色，具黑褐色横斑，末端浅褐色，飞羽黑褐色，内翈基部白色，翅上覆羽暗褐色具棕白色端斑。眼先及颊浅褐色，耳羽黑褐色；颊、喉灰白色，具黑褐色羽干纹，胸、腹暗褐色，尾下覆羽浅棕褐色，喙黑色，蜡膜绿黄色；脚灰黄色。常单个在高空翱翔；营巢于大树顶部或悬崖上，每窝产卵2枚。

为国家二级重点保护野生动物。

白尾海雕 *Haliaeetus albicilla*：体长890~910 mm。成鸟头部、上胸具有浅褐色披针状羽毛，具黄色大喙，尾略杂有白色到完全白色，飞行时容易辨认。幼鸟喙为黑褐色，羽毛深褐色，具不规则的浅色点斑；虹膜黄色；成鸟喙黄色，脚黄色，爪黑色。活动于河流、水库、湖泊及沿海附近，主要捕食鱼类，从空中俯冲而下在水面将鱼抓走。飞行时振翅极为缓慢。为国家一级重点保护野生动物。

高山兀鹫 *Gyps himalayensis*：体长1 100 mm。成鸟上体以浅褐色为主，下体褐色具白色纵纹，初级飞羽和尾羽黑色，头部和头侧裸露，具丝状白色羽毛，颈侧具黄色领羽。虹膜暗黄色，喙暗褐色，脚灰色。栖息于海拔2 500~4 500 m的高山、草原及河谷地带。常单只或十几只结成小群翱翔，有时停息在较高的山岩或山坡上。主要以病弱的大型野生动物、旱獭、啮齿类动物或家畜，以及尸体为食。为国家二级重点保护野生动物。

普通鵟 *Buteo japonicus*：体长500 mm左右。额、头顶至上背暗褐色，羽端灰白色或浅棕褐色，下背至尾上覆羽浅褐色，尾羽暗褐色，有时沾棕，末端黄褐色，具4~5道黑褐色横斑，有的则仅具黑褐色次端斑，飞羽黑褐色，翅上覆羽的羽缘黄褐色；头侧浅褐色，颊部有暗褐色纵纹；颊、喉灰白色或浅褐色；有时沾棕，具褐色纵纹，下体余部乳白色或黄白色，胸和腹具暗褐至黑色纵纹，覆腿羽有时具棕褐色细横斑或纵纹。喙黑褐，基部沾蓝。蜡膜黄色，脚蜡黄。迁徙时集群，常单个活动。主要以鼠类、鸟类等为食。为国家二级重点保护野生动物。

大鵟 *Buteo hemilasius*：体长560~710 mm。是体型最大的鵟，站立时像一只小型的雕，雄鸟较小。常在开阔地面或高树及电线杆上蹲伏，飞行时显得翅膀较长而尾较短，下体深色部分接近下腹部，深色带在下体中央不相连，以此与普通鵟区分，翅上初级飞羽基部有大面积浅色区域是辨识大鵟的重要特征。虹膜黄色，喙黑色，脚黄色，跗跖强壮且被羽毛。喜开阔无树生境，常站立于电线、裸岩等突出处，伺机捕食。为国家二级重点保护野生动物。

金雕 *Aquila chrysaetos*：体长780~1 050 mm。体大而强壮，身体呈较深的褐色，因颈后羽毛呈金黄色而得名。幼鸟尾羽基部有大面积白色，翅下也有白斑，其飞行时很好辨认，生长过程中白色区域逐渐减小。喙基部蓝灰色，端部黑色。虹膜栗褐色，脚黄色。主要栖息于高山森林、草原、荒漠及山区地带，冬季可转移到浅山及丘陵生境，幼鸟冬季有南迁的行为。常借助热气流在高空展翅盘旋,翅膀上举呈深"V"形。为国家一级重点保护野生动物。

3. 雉科

雉鸡 *Phasianus colchicus*:体长580～900 mm。是中国最常见的雉类之一,雄鸟具有红色、黄色、栗色等多种颜色艳丽的羽毛,颈部多有白环,尾羽长并具有横斑。亚种较多且羽色变异很大。诸多亚种腰羽灰色,白色"颈圈"从很宽到无。新疆北部准噶尔亚种腰羽为铜红色,翅上覆羽白色。雌鸟稍小,体色暗淡,周身土褐色且密布深色的斑纹,隐藏在灌丛中很难被发现。虹膜棕褐色,喙黄白色,脚灰色。生境类型十分多样,包括山林、灌丛、农田、草地、半荒漠、沙漠绿岛等。分布海拔可到3 000 m。隐蔽性很强,通常人走至跟前才突然惊飞,并伴有急速的惊叫声。雄鸟发情期常发出响亮的"叩、叩"声,并伴有急速抖翅声,在远距离就能听到。

红腹锦鸡 *Chrysolophus pictus*:体长650～1 000 mm。雄鸟后颈被披肩状的橙红长羽覆盖,羽有亮黑横斑;背亮绿,羽有亮黑窄端,额至羽冠和上体余部金黄色,部分尾上覆羽桂黄与黑褐斑驳,具变窄的红端,次级翅上覆羽和胸以后深红色。雌鸟额至背、两翅表面和胸胁等有黑色横斑;尾羽的下表面栗褐色,具窄细横斑和蠹斑。喙和脚蜡黄。分布海拔1 800 m左右。

4. 鹬科

鹤鹬 *Tringa erythropus*:体长300 mm左右。冬羽额、头顶、颈灰褐色,肩、上背灰褐色,羽缘具小白斑,下背、腰纯白,尾上覆羽和外侧尾羽白色,具褐色横斑,外侧初级飞羽和初级覆羽黑褐色,内侧初级飞羽与次级飞羽暗褐色具白色横斑,三级飞羽及其余覆羽暗褐色,羽缘具白斑;眉纹白色,贯眼纹灰褐色;颊部白色,有稀疏浅褐色纵纹;由颊至腹均白色,前颈具褐色纵纹,胸、腹两侧具灰褐色横斑。夏羽眉纹和贯眼纹不明显。喙黑,下喙基部红色;脚暗红色。常栖息于河滩、水田等处,单只或集小群活动。以昆虫为食。

红脚鹬 *Tringa totanus*:体长245～275 mm。幼鸟额暗褐色,头顶棕色具黑褐色纵纹,上背、肩灰褐色,杂以黑褐色纵纹与横斑,下背、腰白色,尾羽白,具褐色横斑,初级飞羽黑褐色,内䎃色浅或具白色宽斑,次级飞羽白色,仅基部有一浅褐色块斑,其余覆羽灰褐色,有齿状黑色轴斑和白色斑点;眉纹短,呈白色,颊灰褐色,杂黑褐色纵纹;颏、喉白色,具浅褐色斑点,其余下体白色,具灰褐色或暗褐色纵纹和横斑。成鸟羽色似鹤鹬,但次级飞羽几为纯白色。喙红色,端部黑褐;脚红色。栖息于高原湖泊、沼泽、河滩等地,单个或成对活动。

白腰草鹬 *Tringa ochropus*:体长 175~225 mm。冬羽额至后颈灰褐色,少数具灰白色细纵纹,肩、背、腰、三级飞羽均为褐色常带橄榄色光泽,具棕白或灰白色斑点,尾上覆羽纯白,尾羽白色,最外侧两对全白色,其余尾羽具 2~4 条横斑或块斑,初级和次级飞羽、初级覆羽黑褐色;眼先、颊均白色,缀以黑褐色纵纹;颊、喉白色,前颈、上胸亦白色,杂以黑褐色纵纹,其余下体白色。喙角黑色,脚橄榄绿色。栖息于江河岸边、水田、池塘、水库等处;多单个活动,偶见两三只结成小群。

5.鸠鸽科

山斑鸠 *Streptopelia orientalis*:体长 310 mm 左右。额、头顶、后颈和上背灰色,上背羽端略红色,其余上体暗灰色,中央尾羽暗褐色而端灰色,外侧尾羽转黑而灰端增大,肩和翅羽黑褐色,三级飞羽和内侧次级翅上覆羽具宽阔的栗红色羽端和羽缘,外侧次级翅上覆羽具宽阔的灰色羽端和羽缘;头侧和颈侧灰色,颈侧有一团羽端缀灰的黑羽,因而与其他斑鸠不同;颊棕白色,喉至腹葡萄红色,胸较灰褐色,胁和尾下覆羽均灰色。喙铅褐色,脚红色。常见于低山区。树栖;巢筑于树杈及荆棘丛中,鸣声低沉而略似"姑姑,等等"。

火斑鸠 *Streptopelia tranquebarica*:体长 230 mm 左右。雄鸟头颈的背面和两侧蓝灰,颈基有半圈黑领,背、肩、三级飞羽和次级翅上覆羽,以及喉侧至腹均为葡萄红色,下体羽色较淡,中央尾羽棕褐色沾灰,外侧尾羽黑灰色而端灰色,最外侧尾羽外䎃和端部转白色,两翅余部黑褐色,颊及喉部中央棕白色,胁淡蓝灰色,肛以后均白色。雌鸟似雄鸟,但领环较细,头颈背面和两侧为葡萄灰色;雄鸟的葡萄红色在雌鸟中转为葡萄褐色,腰及尾上覆羽淡葡萄褐色。喙褐色,脚褐红色。地面寻食植物种子,偶食蝇蛆和甲虫;巢筑于树杈间,鸣声单调低沉,略似"枯一"。

珠颈斑鸠 *Streptopelia chinensis*:体长 310 mm 左右。额及头顶淡灰色,上颈及其两侧葡萄红色,下颈及其两侧黑色而杂白点,背、肩及内侧翅上覆羽土褐色而羽缘棕灰色,上体余部土褐色,尾褐色,外侧尾羽绒黑色而具宽阔白端,外侧次级翅上覆羽灰色,其余翅羽表面暗褐色;眼先及耳部暗灰色;喉中央棕白色,其余头侧和下体葡萄红色,后胁和尾下覆羽蓝灰色。喙黑褐色,脚紫红色。栖于耕作区的慈竹林中和乔木树杈上;鸣声洪亮而略似"姑姑苦一苦";在地面摄食植物种子,偶食小虫;4—12月繁殖,巢筑于竹丛间。

6. 杜鹃科

四声杜鹃 *Cuculus micropterus*：体长315 mm左右。头和颈的背面暗灰色，上体余部及翅尾表面土褐色，尾端缀白，近端有一道宽阔的黑色横斑，各羽两翈各有一列白点和一列棕白色缘斑，翅缘纯白；头颈两侧至胸均灰色，下体余部白色，具宽约3 mm的黑色横斑。喙黑褐色，下喙基部较黄；脚蜡黄色。栖于阔叶林中，鸣声洪亮而略似"割麦插禾"；食毛虫。

大杜鹃 *Cuculus canorus*：又名布谷鸟，体长290~320 mm。上体暗灰色，尾黑色而具白色窄端，各羽正中有列不对称的白点，外侧尾羽还有白色缘斑。小覆羽暗灰色，初级覆羽黑褐色，其余翅褐灰色，外侧飞羽内翈有白色横斑，翅缘白色且具褐色横斑；头侧和颈侧大部暗灰色，颊至上胸灰色，下体余部白色且具1.2~2.5 mm的黑色横斑，各斑相距4~5 mm，尾下覆羽的横斑稀疏。喙黑褐色，下喙基部较黄；脚蜡黄色。树栖，偶栖于路旁树梢，不甚隐藏，寄卵于其他小鸟巢中，由这些鸟代为孵卵和育雏。嗜食毛虫等小虫，鸣声洪亮而略似"布谷"，夜间迁徙。

7. 鸱鸮科

长耳鸮 *Asio otus*：体长360 mm左右。头顶后侧的耳状羽簇长约45 mm。上体棕黄色而羽端灰白色，具黑褐纵纹和蠹状纹，尾棕黄色而端灰，具黑褐横斑，小覆羽黑褐色而窄缘棕黄色，肩羽、大、中覆羽和三级飞羽与背相似，初级覆羽黑褐色，微具棕色横斑，其余飞羽表面棕黄色，端部灰白，具黑褐横斑和蠹状纹，面盘前半部近白色，余部淡棕黄色，翎领黑褐色而具棕白缘斑，颊白，下体余部棕黄，胸、上腹和胁具黑褐纵纹和蠹状横纹。喙角黑，脚全被羽。栖于丘陵或庭园树丛，捕食野鼠。为国家二级重点保护野生动物。

短耳鸮 *Asio flammeus*：体长360 mm左右。耳状羽簇长约25 mm，上体棕黄色，头顶至背有黑褐纵纹，余部有黑褐云斑，尾棕黄色而具黑褐横斑，小覆羽黑褐色而窄缘棕黄色，肩以及大、中覆羽和三级飞羽与腰相似，初级覆羽黑褐色，具棕黄圆斑，其余飞羽表面棕黄，内侧飞羽具白端，外侧飞羽端部黑褐色，均具黑褐横斑，眼周黑褐色，面盘前半部较白，余部较棕黄，翎领棕白色，具黑褐羽干纹，至喉部正中转为黑褐色、缘棕黄色，颊白，下体余部棕黄色，胸、上腹和胁具黑褐纵纹，故与长耳鸮不同。喙角黑色，脚被羽。迁徙时较常见，栖于丘陵或庭园树丛。为国家二级重点保护野生动物。

8. 夜鹰科

普通夜鹰 *Caprimulgus indicus*：体长 270 mm 左右。上体各处、肩和三级飞羽灰褐色，具黑色纵纹和蠹状纹，中央尾羽灰褐色，具黑褐横斑和蠹状纹，外侧尾羽黑褐色，具斑驳的棕色横斑，次级翅上覆羽黑褐色，具淡棕色点斑和眼斑，大覆羽有斑驳的大灰斑，其余翅羽黑褐色，具栗棕色横斑，飞羽端部横斑转灰，头颈两侧和颊黑褐色，杂有棕点，额纹棕白色，喉部正中白色或棕色，胸黑且具灰褐色横斑，下体余部淡棕色，具黑褐横斑。喙黑色，脚褐色。白天隐伏在树枝或地面上，黄昏飞行捕食昆虫。

9. 戴胜科

戴胜 *Upupa epops*：体长 280 mm 左右。额至枕羽棕黄色，缀有黑端和近端白斑，其余头颈及胸葡萄棕色，上背及小覆羽转为葡萄褐色，下背和肩黑褐色，具棕白横斑，腰白色，尾黑色，有一道宽阔的白色横斑，其余翅羽黑色，大、中覆羽有白端或横斑，三级飞羽有白纹，其余飞羽具白色横斑，腹以后白色，腹和胁有黑褐纵纹。喙黑色，脚铅褐色。在墙洞中筑巢，常单独在地面摄食。鸣声低沉，略似"屎勃勃"或"背屎桶桶"。

10. 鹡鸰科

灰鹡鸰 *Motacilla cinerea*：体长 170 mm 左右。后爪短而弯曲。雄鸟（夏羽）额至腰和肩灰褐色，尾上覆羽黄绿色，尾羽黑褐色，基部外缘黄绿色，最外侧 3 对尾羽逐渐变为全白，三级飞羽黑色而具白缘，其余翅羽表面暗褐色；眼先黑色，眉纹和额纹白色，其余头颈两侧灰褐色；颊至上胸均黑色，下体余部鲜黄色。雌鸟（夏羽）与雄鸟相似，但喉有白点。冬羽（两性）颊至上胸变白。喙黑褐色或喙角褐色，脚肉褐色。夏季在海拔 1 000 ~ 3 000 m 的地带繁殖，冬季移至平原。营巢于岩穴、房穴和土堆中。鸣声尖细，略似"急，急"。

11. 椋鸟科

八哥 *Acridotheres cristatellus*：体长 240 mm 左右。通体黑色；额羽耸立，头顶、后颈及耳羽具蓝绿光泽，各羽尖细，上体余部沾褐，外侧尾羽具白端，初级飞羽基部和初级覆羽先端白色，形成显著翼斑，尾下覆羽具白端。喙淡黄，下喙基橙黄；脚蜡黄。栖于村落高大乔木、城市高压电杆等处，常结群活动。在树洞、墙洞或屋檐下筑巢，每窝产卵 4 ~ 5 枚。

12. 鸦科

松鸦 *Garrulus glandarius*：体长 320～360 mm。头顶、后颈、背、肩及腰均为葡萄棕色，尾上覆羽白色，尾黑色，初级飞羽黑色，从第2枚始外翈具灰白色边缘，小翼羽和次级飞羽绒黑，大覆羽、初级覆羽和外侧数枚次级飞羽外翈基部具鲜明的蓝、黑、白相间的横斑；下喙基部有一卵形黑斑；颊、喉、肛周及尾下覆羽白色，下体余部浅葡萄棕色。喙黑褐色，脚肉色。在阔叶林及针叶林带比较常见，叫声嘶哑；巢呈碗状。多筑巢于松树上，每窝产卵4～6枚。

灰喜鹊 *Cyanopica cyanus*：体长360 mm。毛色以灰蓝色为主，具黑色头罩，头部仅颊和喉白色，上背灰色，两翼天蓝色，尾天蓝色呈楔形，中央尾羽末端白色，胸腹部及尾下覆羽白色。虹膜黑褐色，喙黑色，脚黑色。多成对或集小群栖息于低山、平原的次生林及人工林中，也见于田野、村落和市区公园，性嘈杂。集群营巢于高大的乔木上。

红嘴蓝鹊 *Urocissa erythroryncha*：体长500～600 mm。额、头顶和颈侧黑色，头顶各羽具淡蓝白色端斑，后颈中央蓝白色，上体及肩紫蓝色沾褐，尾上覆羽淡紫蓝色且具黑色端斑，尾羽紫蓝灰色，中央尾羽具白色端斑，外侧尾羽具白色端斑和黑色次端斑，两翅表面紫蓝色，多具白色羽端；颊、喉及胸黑色，胸以后白色沾棕。喙、脚均橙红色。栖息于林地和农耕地，常见于阔叶林间，叫声响亮而嘈杂。巢呈浅碗状，每窝产卵5枚。

喜鹊 *Pica pica*：体长400～500 mm。头、颈、背及尾上覆羽均黑色，具蓝绿光泽，肩和初级飞羽内翈大部白色，形成翅斑，腰灰色与白色相杂或纯黑；尾黑色，具铜绿光泽，末端光泽转为紫红和深蓝绿色；初级飞羽的内翈大部为白色，飞羽余部黑色，外翈边缘显蓝色和蓝绿色光泽；额、喉、胸、下腹及腿覆羽均黑色，而喉部羽干呈灰白色；上腹和胁白色；喙、脚均黑色。常成对或集小群活动于村寨附近的乔木上或农耕地中；巢呈球形，每窝产卵3～4枚。

小嘴乌鸦 *Corvus corone*：体长450 mm左右。喙较大嘴乌鸦细；后颈羽毛结实；喉和上胸的羽毛呈披针形。通体黑色，上体具蓝紫色金属光泽，下体羽色较暗；喙、脚均黑色。栖于高大乔木上。

大嘴乌鸦 *Corvus macrorhynchos*：体长500 mm左右。喙粗大；喉和上胸羽毛呈披针形，后颈羽毛柔软、松散如发；通体概黑，两翅和尾羽具蓝紫色光泽，上体余部有绿色光泽；下体羽色较暗。喙、脚均黑色。栖息于平原、丘陵、高山、河谷等多种生境中。

常到农耕地、村寨、河滩、垃圾堆、屠宰场等处觅食,性机警、喜结群,多三五只或十余只成群,大群可达数百只,营巢于乔木上,巢呈浅碗形,每窝产卵4枚左右。

13. 河乌科

河乌 *Cinclus cinclus*:体长200 mm。全身上体以深褐色为主,下背及腰偏灰色,颊、喉至上胸具一白色的大斑;也有深色型个体,其喉至胸呈烟褐色,偶具浅色纵纹。分布于新疆西部和北部的亚种腹部皆为白色。幼鸟灰色较重,下体较白。虹膜红褐色,喙近黑色,脚褐色。栖息于山地林区清澈而湍急的溪流中,常见于海拔2 400~4 250 m的适宜生境中。身体常上下点动,作振翅炫耀。

14. 莺鹛科

棕头鸦雀 *Sinosuthora webbiana*:体长100~120 mm。额至后颈棕红色,背至尾上覆羽棕褐色,尾暗褐色,具隐约的暗色横斑,基部外缘橄榄褐色,飞羽暗褐色,外缘栗红色;眼先、颊、耳羽和颈侧乌灰或棕红色;颏、喉和上胸淡灰或淡红色,腹淡黄色,胁和尾下覆羽棕褐色。喙暗褐色,先端转黄;脚灰褐色。为我国特产鸟,栖息于海拔2 000 m以下的中、低山地中,冬季移到平原或庭园中;常结群活动于灌丛、草丛或矮树间;巢呈杯形,每窝产卵5~6枚。

15. 长尾山雀科

红头长尾山雀 *Aegithalos concinnus*:体长100 mm左右。额至后颈栗红色,背至尾上覆羽暗蓝灰色,腰具浅棕色羽端,尾黑褐色,外缘蓝灰色,外侧3对尾羽具白色端斑;最外侧1对外翈纯白,飞羽褐色,外缘蓝灰色,初级覆羽黑褐色,次级覆羽蓝灰沾棕,眼先、头侧和颈侧黑色;颊、喉白色,喉部中央具一大型黑色圆斑,胸带、胁和尾下覆羽栗红色,腹部中央白色。喙黑色,脚红褐色。常结群栖息于乔木或灌丛间,巢筑于树上,呈球形;每窝产卵5~8枚。

银脸长尾山雀 *Aegithalos fuliginosus*:体长100~110 mm。头顶至后颈棕褐色,上体褐色,颊、喉银灰色,下体白色,两胁棕色,具宽阔的褐色胸带,尾黑褐色,外侧尾羽白色。虹膜黄色,喙黑色,脚棕褐色。栖息于海拔1 000 m以上的高山森林中。

16. 山雀科

大山雀 *Parus cinereus*:体长130~140 mm。头、颈均亮蓝黑色,两侧有显著的大型白斑,上背黄绿,与黑色后颈间有白色横带相隔,其余上体包括两翅表面蓝灰色,中央尾羽蓝灰色,其余尾羽黑色,外缘蓝灰色,最外侧一对尾羽大部白色,飞羽黑褐,外缘蓝灰色;颊至上胸黑色,腹白,中央贯以一道黑色纵纹。喙和脚黑色。栖息于山地针叶林或阔叶林中、林缘以及村舍或城市庭园中,巢筑于洞穴中,每窝产卵6~9枚。

17. 雀科

麻雀 *Passer montanus*:体长130~140 mm。额至枕栗褐色,肩背棕褐色,并杂以粗著黑纹,腰及尾上覆羽褐色沾棕,尾羽暗褐色,羽缘褐色,两翅黑褐色,外翈具棕色羽缘,中覆羽和大覆羽具棕白色端斑;眼先、眼下沿、额和喉的中央均呈黑色,颊白色,耳羽具黑色块斑;胸和腹灰白色,两胁及尾下覆羽淡棕褐色。喙黑色,脚淡褐色。成群栖息于城镇、村寨的房屋和树上或竹丛间,巢呈浅碗状,每窝产卵3~4枚。

第二部分

生物科学野外实习项目

项目一
植物群落调查采样

一、群落调查样地的设置

为全面掌握一个地区群落现状、变化及所在地的环境条件，同时考虑到人力和财力的限制，在进行群落调查时，需要对样地的布局进行合理设计。野外群落调查包括系统布点、全面调查和重点精查3个层面，实际上，这3个层面也体现了样地布局的原则，即全面性、代表性和典型性。

1. 系统布点

采用统一的经纬网格，对研究区的植物群落进行系统布点，这样可以达到全面调查研究区植物群落及其生境的目的。经纬网格的精度取决于任务要求、群落类型的复杂程度以及研究区的面积大小。每个网格的样地可统一设置在网格的四角或中央，每个样地设置3~5个重复样方，森林群落的样方面积为20 m×30 m。

2. 全面调查

根据区域群落记载资料，全面调查研究区的植物群落，保证研究区中每一种主要自然群落类型都能得到调查，在山地要按海拔和植被类型设置样地。也就是说，样地的多少取决于自然植物群落类型的数量。森林群落的样方面积为20 m×30 m，每个样地设置3~5个重复样方。

3. 重点精查

对研究区的地带性、特有、稀有、濒危以及有特殊用途和重要经济价值的群落进行精查。精查对象也包括有重要学术价值，如分布在植被带的南界或北界以及呈隔离状态的植物群落。森林群落的样方面积为20 m×50 m，每个样地设置3~5个重复样方。

根据植被类型及其结构特征的差异，将植物群落分为森林、灌丛和草地，以及水生植物群落四种，分别规定其调查内容。

二、植物群落中物种的重要指标

植物群落由不同植物物种组成,一种植物在群落中的重要性可由多个指标来度量。根据这些指标的测量结果,回答该物种是否存在、数量多少、个体大小等问题。群落调查中直接测定的物种重要性指标通常包括:出现与不出现、盖度(郁闭度)、植株密度、多度、胸高直径、树高和重要值等。

1.出现与不出现

出现与不出现(presence or absence)指某种植物在样方中是否存在,以该植物个体的基部是否生长在所调查的样方中为准。换言之,地上部分出现在样方中但其基部并不生长在样方内的植株不能计入该样方。

2.盖度(郁闭度)

盖度(coverage)指植物地上部分垂直投影面积占样方面积的百分比,又称投影盖度。群落调查时,可以记载每个优势种的盖度(称种盖度或分盖度),种盖度之和可以超过100%,但任何单一种的盖度都不会大于100%。为让测量时的计算更方便,常常将物种的盖度划分为若干个盖度级。对森林群落而言,常用郁闭度(canopy density)来表示乔木层的盖度,即林冠覆盖面积与地表面积之比,常用十分法表示,其值变化在0~1.0之间。一般来说,郁闭度>0.7的为密林,郁闭度在0.2~0.7之间的为中度郁闭林,郁闭度<0.2的为疏林。

3.植株密度

植株密度指单位面积样方中的植物个体数量。每一种植物都有各自的密度,称种群密度(population density)。对于森林而言,群落的乔木层植株密度也称林分密度(stand density)。

4.多度

多度(abundance)是一个物种个体数量的目测估计指标,主要用于快速获得盖度的野外调查估计值。如果测定了群落的盖度或密度,则可以不测定多度。

5.胸高直径

胸高直径(diameter at breast height, DBH)简称胸径,表示树高超过胸高部位的直径,木本植物通常按照离地面1.3 m处的胸高周长推算其半径。木本植物的胸高直径是森林群落调查中最重要、最易测定的指标之一。群落分析中涉及的胸高断面积(basal area, BA)和生物量可通过胸高直径来推算,木本植物胸高断面积用下式推算。

$$C=2\pi \times r$$

$$S=\pi \times r^2$$

式中,C——胸高周长;

r——胸高半径;

S——胸高断面积。

6. 树高

树高(tree height)也是一个非常重要的群落调查指标,既体现乔木树种的生物学特性和该树种的生长能力,又是衡量群落立地质量的指标,并指示森林生物量的高低。树高的测定较为困难,尤其在高大郁闭的森林中。因此,实践中常常只测定部分个体的树高,然后通过建立树高与胸高直径之间的相关关系,由胸高直径估算树高。

7. 重要值

重要值(importance value, IV)也是一个重要的群落调查指标,并常用于比较某一物种在不同群落中的重要性,用下式计算。

$$RA = A_i \div \sum_{i=1}^{n} A_i \times 100\%$$

$$RC = C_i \div \sum_{i=1}^{n} C_i \times 100\%$$

$$RH = H_i \div \sum_{i=1}^{n} H_i \times 100\%$$

$$RF = F_i \div \sum_{i=1}^{n} F_i \times 100\%$$

$$IV = (RA + RC + RH + RF)/4 \times 100\%$$

式中,RA——相对多度(relative abundance);

A_i——某一物种多度;

$\sum_{i}^{n} A_i$——样方(或群落)物种多度和;

RC——相对盖度(relative cover);

C_i——某一物种盖度;

$\sum_{i}^{n} C_i$——样方(或群落)物种盖度和;

RH——相对高度(relative height);

H_i——某一物种高度;

$\sum_{i}^{n} H_i$——样方(或群落)物种高度和;

RF——相对频度(relative frequency);

F_i——某一物种频度;

$\sum_{i}^{n} F_i$——样方(或群落)物种频度和。

项目二
生物多样性指数分析

一、物种丰富度

物种丰富度(species richness)指群落中物种的数目。测量物种丰富度最简单的方法是记录群落内(或生境内)所有物种的数目,但在实际工作中由于人力、财力等多种条件的限制,常测定的是群落样本(即样方)中的物种丰富度。物种丰富度与样方大小有关,如果研究区或样方在时间和空间上是确定的或可控制的,则物种丰富度会提供很有用的信息,若干不可控制的研究区或样方的物种丰富度几乎是没有意义的。

1. 物种丰富度指数

物种丰富度指数是以群落中的物种数和个体总数(或面积)的关系为基础计算物种丰富度的工具,常用的有以下几种。

Gleason 指数(D_{Gl}):
$$D_{Gl} = S \div \ln A$$

Margalef 指数(D_{Ma}):
$$D_{Ma} = (S-1) \div \ln N$$

Menhinick 指数(D_{Me}):
$$D_{Me} = S \div \sqrt{N}$$

Monk 指数(D_{Mo}):
$$D_{Mo} = S \div N$$

式中,D_{Gl}、D_{Ma}、D_{Me}、D_{Mo}——物种丰富度指数;

S——样方的物种数;

N——全部物种的个体总数;

A——样方面积。注意,当样方面积数值为1时,要进行对数转换,将 $\ln A$ 转换为 $\ln(A+1)$。

根据统计学原理,当研究的对象是样本而不是整个群落时,物种丰富度指标可选用Margalef指数;当研究的对象是群落的物种数量和个体总数,将一定大小的样本中的物种数量定义为多样性指数时,物种丰富度指标可选用Menhinick指数。

物种丰富度指数没有考虑物种在群落中分布的均匀性,以及在群落中常常是少数种占优势的现实,因此,物种丰富度统计出的物种数目不能完全反映群落中的物种多样性。

【例题1】那拉提山地草甸群落封育的第4年,一个1 m×1 m样方的物种多度如表2-2-1所示,试计算D_{Gl}、D_{Ma}、D_{Me}、D_{Mo}物种丰富度指数。

表2-2-1 物种及其多度

序号	物种	多度
1	草地老鹳草 Geranium pratense	6
2	大叶橐吾 Ligularia macrophylla	1
3	多花毛茛 Ranunculus polyanthemos	4
4	中亚酸模 Rumex popovii	2
5	红车轴草 Trifolium pratense	2
6	箭头唐松草 Thalictrum simplex	7
7	鹿蹄草 Pyrola calliantha	15
8	毛果蓬子菜 Galium verum var. trachycarpum	1
9	梅花草 Parnassia palustris	6
10	山地蒲公英 Taraxacum pseudoalpinum	2
11	蓍 Achillea millefolium	102
12	天山羽衣草 Alchemilla tianschanica	21
13	无芒雀麦 Bromus inermis	27
14	小果鹤虱 Lappula microcarpa	1
15	箭叶薹草 Carex ensifolia	13
16	细叶早熟禾 Poa pratensis subsp. angustifolia	50
17	新疆棘豆 Oxytropis sinkiangensis	23
18	野草莓 Fragaria vesca	23
19	野胡萝卜 Daucus carota	2
$\sum S=19, \sum N=308$		

解：根据题意及表格中的数据，$S=19, A=1\text{m}^2, N=308$，

Gleason 指数 $D_{Gl} = S \div \ln A = 19 \div \ln(1+1) \approx 27.41$

Margalef 指数 $D_{Ma} = (S-1) \div \ln N = 18 \div \ln 308 \approx 3.14$

Menhinick 指数 $D_{Me} = S \div \sqrt{N} = 19 \div \sqrt{308} \approx 1.08$

Monk 指数 $D_{Mo} = S \div N = 19 \div 308 \approx 0.06$

2. 物种丰富度估计值

在一个群落中，物种丰富度随着取样面积（或样方数目）的变化而变化。对于群落的多次取样数据，可根据 Heltshe 与 Forrester 提出的刀切法（Jacknife）估计物种丰富度，其数学表达式为：

$$S^* = S + [(n-1) \div n] \times k$$

$$\text{var}(S^*) = [(n-1) \div n] \times \sum_{j=1}^{S}(j^2 f_j) - (k^2 \div n)$$

式中，S^*——物种丰富度的估计值；

S——所有样方中记录的物种数；

n——样方总数；

k——唯一种（仅在一个样方中出现的物种）的个数；

$\text{var}(S^*)$——丰富度估计值的方差；

f_j——包含 j 个唯一种（$j=1,2,3,\cdots,S$）的样方数。

【例题2】那拉提山地草甸群落封育的第4年，对18个 1 m×1 m 样方内的物种进行调查，总共记录30个种，其中，5个唯一种分别分布于第2、3、13、17、18样方中。试求该群落样方丰富度估计值 S^* 和丰富度估计值的方差 $\text{var}(S^*)$。

解：根据样方调查数据，$S=30, n=18, k=5, f=5, j=1$。

（1）群落样方丰富度估计值 S^*：

$S^* = S + [(n-1) \div n] \times k = 30 + (17 \div 18) \times 5 \approx 34.7$

（2）群落样方丰富度估计值方差 $\text{var}(S^*)$：

$\text{var}(S^*) = [(n-1) \div n] \sum j^2 f_j - (k^2 \div n) = (17 \div 18) \times (1^2 \times 5) - (5^2 \div 18) \approx 3.33$

二、生物多样性

生物多样性（biodiversity）指生物中的多样化和变异性，以及物种生境的生态复杂性，包括植物、动物和微生物的所有种及其组成的群落和生态系统，生物多样性可分

为遗传多样性(genetic diversity)、物种多样性(species diversity)、生态系统多样性(ecosystem diversity)三部分。各层次生物群落的物种多样性指数有α多样性指数、β多样性指数和γ多样性指数三类,这三类指数用于测定物种、群落或生态水平上生物多样性。

1. α多样性

α多样性严格意义上指一个样方中物种数与其多度的组合关系,而在实际研究中用来表示一个群落内或一个处理内物种组成与其多度的组合关系。α多样性包含两方面的含义,一是物种丰富度,指一个群落或生境中物种数量的多少,物种数多则多样性高;二是均匀度,指一个群落或生境中物种个体数量的分布均匀程度,若各物种个体数越接近,则均匀度就越大。因此,在测度一个群落的物种多样性时,要综合考虑丰富度指标和均匀度指标,比如两个群落的物种丰富度相同,但均匀度不一样,则其物种多样性可不同;若物种均匀度一致,而物种丰富度不同,则两种群落的物种多样性也可不同。

(1) 香农-维纳多样性指数

香农-维纳(Shannon-Wiener)多样性指数(H)借用了信息论的方法,通过描述物种的个体出现的不确定性来测度物种多样性,即不确定性越高,多样性也就越高。Shannon-Wiener指数的计算公式

$$H = -\sum_{i=1}^{S} P_i \log_{10} P_i$$

式中,S——样方中物种总数;

P_i——属于第i种的个体数(多度)在全部个体中(样方物种多度和)的占比。

公式中,对数底可取2、e和10,但单位不同,分别为比特(bit)、奈特(nat)和哈特(Hart)。

香浓-维纳指数反映了群落中各物种个体数的分布格局,当群落中所有的种都有相同多的个体数时,可直观地看出群落的均匀性最大;而当全部个体属于一个种时,群落的均匀度最小。

【例题3】根据表2-2-2群落样方调查数据,试计算Shannon-Wiener多样性指数。

表2-2-2 群落样方调查数据

序号	物种	多度	$P_i = \dfrac{N_i}{\sum N}$	$H_i = P_i \log_{10} P_i$
1	草地老鹳草 *Geranium pratense*	6	0.019	−0.033
2	大叶橐吾 *Ligularia macrophylla*	1	0.003	−0.008
3	多花毛茛 *Ranunculus polyanthemos*	4	0.013	−0.024
4	中亚酸模 *Rumex popovii*	2	0.006	−0.014
5	红车轴草 *Trifolium pratense*	2	0.006	−0.014
6	箭头唐松草 *Thalictrum simplex*	7	0.023	−0.037
7	鹿蹄草 *Pyrola calliantha*	15	0.049	−0.064
8	毛果蓬子菜 *Galium verum* var. *trachycarpum*	1	0.003	−0.008
9	梅花草 *Parnassia palustris*	6	0.019	−0.033
10	山地蒲公英 *Taraxacum pseudoalpinum*	2	0.006	−0.014
11	蓍 *Achillea millefolium*	102	0.331	−0.159
12	天山羽衣草 *Alchemilla tianschanica*	21	0.068	−0.080
13	无芒雀麦 *Bromus inermis*	27	0.088	−0.093
14	小果鹤虱 *Lappula microcarpa*	1	0.003	−0.008
15	箭叶薹草 *Carex ensifolia*	13	0.042	−0.058
16	细叶早熟禾 *Poa pratensis* subsp. *angustifolia*	50	0.162	−0.128
17	新疆棘豆 *Oxytropis sinkiangensis*	23	0.075	−0.084
18	野草莓 *Fragaria vesca*	23	0.075	−0.084
19	野胡萝卜 *Daucus carota*	2	0.006	−0.014
$\sum S = 19, \sum N = 308, H = 0.959$				

解:根据题意和表中数据可知,$\sum S=19, \sum N=308$,根据公式$P_i = N_i / \sum N$计算出每个物种的P_i,根据$H_i = P_i \log_{10} P_i$计算出每个物种对应的值,最后根据$H = \sum\limits_{i=1}^{S} P_i \log_{10} P_i$求和即可。答案已列在表2-2-2中,供参考。

2. 辛普森多样性指数

辛普森(Simpson)指数又称为优势度指数,为多样性的反面即反映集中性(concentration)的指标。

Simpson 小样本集中度指数(D_1):

$$D_1 = \sum_{i=1}^{S}(N_i \div N)^2$$

Simpson 小样本均匀度指数(D_2):

$$D_2 = \sum_{i=1}^{S}[N_i(N_i-1) \div N(N-1)]$$

Simpson 大样本集中度指数(D_3):

$$D_3 = 1 - \sum_{i=1}^{S}P_i^2$$

Simpson 大样本均匀度指数(J_{SI}):

$$J_{SI} = \left(1 - \sum_{i=1}^{S}P_i^2\right) \div (1 - 1 \div S)$$

式中,S——样方中物种总数;

N——样方(或群落)物种个体数(多度)和;

N_i——某一物种个体数(多度);

P_i——属于第 i 种的个体数(多度)在全部个体中(样方物种多度和)的占比(多度比)。

【例题4】根据表2-2-2群落样方调查数据,试计算Simpson小样本集中度指数。

表2-2-3　根据表2-2-2群落样方调查数据计算的Simpson小样本集中度指数

序号	物种	多度	$(N_i \div \sum N)^2$
1	草地老鹳草 *Geranium pratense*	6	0.000 4
2	大叶橐吾 *Ligularia macrophylla*	1	0
3	多花毛茛 *Ranunculus polyanthemos*	4	0.000 2
4	中亚酸模 *Rumex popovii*	2	0
5	红车轴草 *Trifolium pratense*	2	0
6	箭头唐松草 *Thalictrum simplex*	7	0.000 5

(续表)

序号	物种	多度	$(N_i \div \sum N)^2$
7	鹿蹄草 *Pyrola calliantha*	15	0.002 4
8	毛果蓬子菜 *Galium verum* var. *trachycarpum*	1	0
9	梅花草 *Parnassia palustris*	6	0.000 4
10	山地蒲公英 *Taraxacum pseudoalpinum*	2	0
11	蓍 *Achillea millefolium*	102	0.109 7
12	天山羽衣草 *Alchemilla tianschanica*	21	0.004 6
13	无芒雀麦 *Bromus inermis*	27	0.007 7
14	小果鹤虱 *Lappula microcarpa*	1	0
15	箭叶薹草 *Carex ensifolia*	13	0.001 8
16	细叶早熟禾 *Poa pratensis* subsp. *angustifolia*	50	0.026 4
17	新疆棘豆 *Oxytropis sinkiangensis*	23	0.005 6
18	野草莓 *Fragaria vesca*	23	0.005 6
19	野胡萝卜 *Daucus carota*	2	0
$\sum S=19$, $\sum N=308$, $D=0.1653$			

注:表中数据"0"是因多度值小,在计算过程中对计算数值四舍五入所致。

解:根据题意和表中数据, $\sum S=19$, $\sum N=308$, 由 $D = \sum_{i=1}^{S}(N_i \div N)^2$ 可计算出 D 值。答案已列在表2-2-3中,供参考。

2. β多样性

β多样性是指物种沿着环境梯度的更替速率,表示在一个梯度上从一个生境到另一个生境所发生的多样性变化的速率和范围,也称为物种周转速率(species turnover rate)、物种替代速率(species replacement rate)。通常β多样性表示的是群落间相似性指数或同一地理区域内不同生境中物种的周转率。不同群落或某一环境梯度上不同地段间物种组成的相似性越低,则β多样性越高。

(1) Bray-Curtis β多样性指数

Bray-Curtis β多样性指数(Cn)表示群落板块间(区组间)物种的组成及其多度变化。

$$Cn = 2N_j \div (N_a + N_b)$$

式中, N_a——样地 a 的物种个体数和;

N_b——样地 b 的物种个体数和;

N_j——样地 a 和样地 b 共有种中个体数较小者之和。

(2) 群落物种组合相似性

Sørenson 群落相似性指数(O):

$$O = 2(E_i \cap E_j) \div (E_i + E_j)$$

式中, E_i——i 群落物种数;

E_j——j 群落物种数;

$E_i \cap E_j$——i 群落和 j 群落共同出现的物种。

【例题5】表2-2-4呈现了那拉提山地草甸群落封育第4年的第6和第7个样方的物种及其多度,试求这两个样方间的 Bray-Curtis β 多样性指数(Cn)和 Sørenson 群落相似性指数(O)。

表2-2-4 那拉提山地草甸群落封育第4年的第6和第7个样方物种及其多度

序号	物种	样方6多度	样方7多度
1	草地老鹳草 Geranium pratense	5	6
2	大叶橐吾 Ligularia macrophylla	1	1
3	多花毛茛 Ranunculus polyanthemos	0	4
4	中亚酸模 Rumex popovii	10	2
5	红车轴草 Trifolium pratense	1	2
6	箭头唐松草 Thalictrum simplex	21	7
7	鹿蹄草 Pyrola calliantha	3	15
8	毛果蓬子菜 Galium verum var. trachycarpum	5	1
9	梅花草 Parnassia palustris	4	6
10	山地蒲公英 Taraxacum pseudoalpinum	0	2
11	蓍 Achillea millefolium	104	102
12	天山羽衣草 Alchemilla tianschanica	58	21
13	无芒雀麦 Bromus inermis	18	27

(续表)

序号	物种	样方6多度	样方7多度
14	小果鹤虱 *Lappula microcarpa*	0	1
15	箭叶薹草 *Carex ensifolia*	19	13
16	细叶早熟禾 *Poa pratensis* subsp. *angustifolia*	51	50
17	新疆棘豆 *Oxytropis sinkiangensis*	0	23
18	野草莓 *Fragaria vesca*	30	23
19	野胡萝卜 *Daucus carota*	0	2
20	蘆草 *Phalaris arundinacea*	2	0
		N_a=332, E_i=15	N_b=308, E_j=19

解：

(1) Bray-Curtis β 多样性指数（Cn）：

根据表中数据可算出 N_a（样方6）=332，N_b（样方7）=308，

$Cn = 2N_j \div (N_a + N_b)$

$= 2 \times (5+1+2+1+7+3+1+4+102+21+18+13+50+23) \div (332+308)$

≈ 0.784

(2) Sørenson 群落相似性指数（O）：

根据表中数据，可算出 E_i（样方6）=15，E_j（样方7）=19，

$O = 2(E_i \cap E_j) \div (E_i + E_j)$

$= 2(14) \div (15 + 19)$

≈ 0.824

3. γ 多样性

γ 多样性，即在一个地理区域内（例如一个岛屿）一系列生境中的物种数量，也称为区域多样性，是将这些生境中的 α 多样性和生境之间的 β 多样性结合起来表示物种多样性的指标。

α 多样性和 β 多样性可以用纯量来表示，而 γ 多样性不仅有大小，同时还有方向，因此是一个矢量。

它们三者之间的关系可以表示为：β = γ ÷ α。

三、作业与思考

（1）设某群落样方物种组成与多度如表2-2-5所示，试分别计算各样方 Margalef 指数（D_{Ma}）、香浓-维纳多样性指数、Simpson 小样本集中度指数（D_1）、Simpson 小样本均匀度指数（D_2）。

（2）根据表2-2-5群落样方物种组成及多度，试分别计算在 A、B、C 三个样方之间 Bray-Curtis β 多样性指数（Cn）和 Sørenson 群落相似性指数（O）。

表2-2-5　群落样方物种组成及多度

序号	物种	多度 样方A	多度 样方B	多度 样方C
1	白喉乌头 *Aconitum leucostomum*	8	8	6
2	白车轴草 *Trifolium repens*	2	5	7
3	鼻花 *Rhinanthus glaber*	3	3	0
4	播娘蒿 *Descurainia sophia*	3	4	5
5	草地老鹳草 *Geranium pratense*	5	2	5
6	大叶橐吾 *Ligularia macrophylla*	1	4	3
7	堆叶蒲公英 *Taraxacum compactum*	4	5	2
8	多花毛茛 *Ranunculus polyanthemos*	7	6	5
9	巩乃斯蝇子草 *Silene kungessana*	9	1	2
10	广布野豌豆 *Vicia cracca*	3	1	0
11	中亚酸模 *Rumex popovii*	10	12	4
12	红车轴草 *Trifolium pratense*	8	5	7

项目三
森林群落调查采样

一、森林群落调查内容

森林群落调查内容包括乔木层、灌木层、草本层、环境要素四项,本项目主要介绍乔木层调查,简要介绍灌木层调查和土壤调查。常见群落乔木层调查内容包括如下19项。

①群落类型:样方的群落类型;

②调查地:样方的所在位置,如县(市、区)、镇或林业局(场)小班和保护区名称,并标在地形图上;

③经纬度:用GPS确定样方所在地的经纬度;

④海拔:用海拔表确定样方所在地的海拔(值得注意的是,GPS测定海拔的误差较大,应尽量避免使用GPS测定海拔);

⑤地形:样方所在地的地貌类型,如山地、洼地、丘陵、平原、高原等;

⑥坡位:样方所在坡面的位置,如谷地、下部、中下部、中部、中上部、山顶、山脊等;

⑦坡向:样方所在地的方位,按S30°E(南偏东30度)的方式记录;

⑧坡度:样方的平均坡度;

⑨面积:样方的面积,一般为600 m²或1 000 m²,记为20 m×30 m或20 m×50 m;

⑩土壤类型:样方所在地的土壤类型,如褐色森林土、山地黄棕壤等;

⑪森林起源:按原始林、次生林和人工林记录;

⑫干扰程度:按无干扰,以及轻微、中度、强度干扰等记录;

⑬群落层次:记录群落垂直结构的发育程度,如乔木层、灌木层、草本层等是否发达;

⑭优势种:记录各层次的优势种,如某层有多个优势种,要同时记录;

⑮群落高度:群落的大致高度,可给出范围,如15~18 m;

⑯郁闭度:各层的郁闭度,用百分比表示;

⑰群落剖面图:该图对了解群落的结构、种间关系、地形等非常重要;

⑱调查人、记录人及日期:记录该群落的调查人和记录人,并注明调查日期,以备查用;

⑲群落调查记录表:记录群落的各调查项目,比如物种、胸径、树高及其他特征,如表2-3-1。

表2-3-1 森林群落调查记录表

样方编号:		群落类型:			样方面积:	
调查地点:		县(市、区):		乡:	村:	
纬度:		经度:			海拔: m	
地形	( )山地、( )洼地、( )丘陵、( )平原、( )高原					
坡位	( )谷地、( )下部、( )中下部、( )中部、( )中上部、( )山顶、( )山脊					
土壤类型:				林龄: 年		
垂直结构	层高/m		盖度/%		群落剖面图:	
乔木层						
亚乔木层						
灌木层						
草本层						
调查组:		记录人:		日期:		

二、样方地点选择与设置

1. 地点选择

选择适当的样方地点是群落调查的关键,在选择样方时应注意:①群落内部的物种组成、群落结构和生境要相对均匀;②群落面积足够,使样方四周能够有10~20 m以上的缓冲区;③除依赖于特定生境的群落外,一般选择平(台)地或缓坡上相对均一的坡面,避免坡顶、沟谷或复杂地形。

2. 样方设置

①森林群落样方面积 600 m²（重点精查群落为 1 000 m²），一般为 20 m×30 m（重点精查群落为 20 m×50 m）的长方形。如实际情况不允许，也可设置为其他形状，但必须由 6（或 10）个 10 m×10 m 的小样方组成，野外调查采样通常把这种 10 m×10 m 的小样方称作样格。一般来说，样方面积有大有小，但一个样格的面积是固定不变的（特指 10 m×10 m 的小样方）。②以罗盘仪确定样方的四边，闭合误差应在 0.5 m 以内。以测绳或塑料绳将样方划分为 10 m×10 m 的样格。③对于连续监测样方，以硬木材质的木桩标记样方的四边和网格，样方四边木桩地上部分留 30 cm 左右，内部网格木桩地上部分留 15 cm 左右。

三、乔木层调查

1. 记录林分状况

个体所属层次（乔木层/亚乔木层/更新层）、健康状况（正常/折枝/倾斜/翻倒/濒死/枯立/枯倒）。

2. 树木编号

由样格号＋树号组成。对于连续监测样方，每个个体挂上预先统一制作的识别牌。

3. 物种记录

从事群落调查的人员常常会遇到物种分类困难等问题。这时，需要采集标本进行鉴定，并且一般要求在野外确认到属。为此，可提前准备研究区的植物名录以便查对，并事先进行物种鉴定的培训。

4. 胸径测定

胸径（diameter at breast height，DBH）测定：在每个样格中，对于所有 DBH≥3 cm 的树木个体，记录种名，测量 DBH。对于连续监测样方，须在 DBH 测量处进行标记。DBH 是主要且又易于测定的生长指标，需要对满足测定标准的每个个体都进行准确测定。对于生长不规则的树木，在测定 DBH 时，应注意以下事项：①对于正常的个体总是从上坡方向测定；②对于倾斜或倒伏的个体，从下方而不是上方进行测定；③如树干表面附有藤蔓、绞杀植物和苔藓等，需去除后再测定；④如不能直接测量 DBH 时

（如分叉、粗大节、不规则肿大或萎缩），应在合适位置进行测量,测量点要标记,以便复查;⑤胸高以下分枝的两个或两个以上茎干,可看作不同个体,分别进行测量;⑥对具板根的树木在板根上方正常处测定,并记录测量高度;倒伏树干上如有萌发条,只测量距根部1.3 m以内的枝条;⑦极为规则的树干,应主观确定最合适的测量点,并标记测量点、记录测量高度。

5.树高测定

树高的测定较困难。一般要求每个径级都要测定若干个体的树高,从而建立的树高与DBH之间的关系才能够代表群落的整体情况。一般来说,树高的测量株数应是DBH测量株数的1/3以上。在众多的测高器中,以日本产的伸缩式测高器最为精确。它的测量原理很简单,实际上就是一把可收缩的尺子,有若干节,每节约1 m,上刻有刻度。测高器在不用时收叠起来,仅1.2 m左右。测高器一般有10 m、12 m、15 m和20 m等规格,因此,20 m左右的树高均可精确测量。

表2-3-2为乔木层调查记录表。

表2-3-2　森林群落乔木层调查记录表

序号	物种	健康状况	DBH/m	树冠高度/m
调查组:		记录人:		日期:

四、灌木层调查

样方设计:样方地点的选择原则参考森林群落调查。样方面积为100 m²,周围应留有10 m缓冲区,在样方四角和中心各设置1个1 m×1 m的小样方。采样:选取样方对角的两个样格,对灌木层进行详细调查,逐株(丛)记录种名、高度、株数、基径等。测量个体包括灌木种和未满足乔木层测量标准的更新幼树。生物量测定:在其中一个样格内收获灌木层地上生物量和称取鲜重,并取样带回实验室烘干称重。物种记录:在剩余的样格中,搜寻在两个灌木样格中未出现的灌木种(包括更新幼树、苗),记录种名。

五、土壤调查

在样方附近挖土壤剖面1~2个,记录土壤剖面特征,并以100 cm³的土壤环刀,按0~10 cm、10~20 cm、20~30 cm、30~50 cm、50~70 cm、70~100 cm的土壤深度分层取样,称取鲜重并编号,带回实验室用于实验室理化性质分析。

项目四
草地群落组成调查、采样与分析

一、调查与采样

1. 草地群落组成调查采样

在实验区草地群落中设置3个5 m×5 m采样单元,在各采样单元中随机布置6个1 m×1 m样方,即3×6个样方,总共18个样方。在各样方中对物种多度、盖度、高度、物候期进行观测并记录。禾本科和莎草科植物的多度以丛为计数单位进行记录,双子叶植物多度以根系为计数单位进行记录。个体高度(height)为从地面至顶部的自然高度,单位厘米(cm)。种盖度(cover)采用目测法估测,用百分比(%)表示。物候期划分为返青期、营养生长期、花期、结实期、凋落期5个时期。草地群落样方调查表如表2-4-1所示。

表2-4-1 草地群落样方调查表

序号	样方	物种	高度/cm	多度	盖度/%	物候期
1						
2						
3						
⋮						
n						

实验组: 　　　记录员: 　　　日期:

2. 草地群落地上生物量采样

在各样方中群落组成调查完成后,就在各样方中用刈割采集法采集地上生物量和凋落物,将刈割采集的地上生物量样本划分为禾草类、莎草类、豆科类、杂草类4个功能群,将其切碎后用报纸包装,记录样方号、功能群种类。将地上生物量样本在实验室用烘干箱(60 ℃)烘 24 h 后,按照植物种分别称取果实生物量,精度为±0.01 g,单位 g/m²。

二、群落组成分析

1.群落物种丰富度分析

在采样单元内运用丰富度指数分析物种丰富度,确定采样单元间物种丰富度。通过单因素方差分析(ANOVA)、多重比较法分析采样单元间的物种组成数的相关性。

2.群落组成 α 多样性分析

选用香浓-维纳(Shannon-Wiener)指数法分析采样单元间物种组成与多度,通过 ANOVA、多重比较法分析采样单元间 α 多样性的相关性。

3.群落组成 β 多样性分析

选用 Bray-Curtis β(Cn)多样性指数法,分析采样单元间物种组成与多度,通过 ANOVA、多重比较法分析采样单元间 β 多样性的相关性。

4.群落物种组成相似度分析

选用群落 Sørenson(O)相似性指数法分析采样单元间物种的相似度,通过 ANOVA、Tukey 多重比较法分析采样单元间相似度的相关性。

5.群落物种重要值(IV)分析

根据采样区样方物种的多度、盖度、频率、高度调查数值,分别计算样方单个物种相应的相对(多度、盖度、频率、高度)值,并计算各物种重要值(IV),IV 值在 0~400 之间,其中 IV 接近 400 的物种被视为优势种。选用 ANOVA、多重比较法分析群落优势种与物种间重要值的相关性。

6.功能群多样性分析

拟将实验区草地群落划分为 4 个功能群组进行分析,包括禾草类、莎草类、豆科类和杂草类。

项目五
草地群落植物花调查采样

一、草地群落花的形态特征

花多度依据单花和花序(inflorescence)为单位记录，花冠颜色主要有紫色(包括紫色和蓝色)、粉色(包括粉色和红色)、白色和黄色4类颜色，花冠形状主要包括圆形、扁形、凸形、钟形和管状5个类型。

二、草地植物花的调查采样

在草地群落调查采样区随机布置10个50 cm×50 cm样方。在小样方中按种记录花多度和颜色组成，以单花或花序作为计数单位，以香浓-维纳指数法分析草地群落花冠组成。花冠面积和重量按替代样本法测定，即每次在试验区内随机采集样方中正处于花期的每个物种的20个开花个体，现场用直尺测定其植株高度(cm)，用游标卡尺测定花冠半径(R，单位mm)、花冠长度(L，单位mm)、花冠宽度(W，单位mm)和花冠深度(D，单位mm)，将各种样本按个体分别装入编号的纸袋，带回实验室进行分析。调查采样记录表如表2-5-1所示。

表2-5-1 草地群落样方花调查采样记录表

序号	样方	物种	植株高度/cm	花冠颜色	花冠形态	花冠半径(R)/mm	花冠长度(L)/mm	花冠宽度(W)/mm	花冠深度(D)/mm
1									
2									
3									
…									
n									
实验组：				记录员：			日期：		

三、花冠面积公式

（1）圆形花冠面积：
$$S = \pi R^2$$

（2）扁形花冠面积：
$$S = L \times W$$

（3）凸形花冠面积：
$$S = 4\pi R^2$$

（4）钟形花冠面积：
$$S = 4\pi R^2$$

（5）管形花冠面积：
$$S = 2\pi RD + \pi R^2$$

式中，S——花冠面积（mm²）；

R——花冠半径（mm）；

L——花冠长度（mm）；

W——花冠宽度（mm）；

D——花冠深度（mm）。

项目六
草地群落节肢动物调查采样

一、草地群落节肢动物多样性

由于节肢动物功能群以相似的方式影响草地群落植物组成,所以本项目用节肢动物功能群多度来替代物种多度,选用辛普森(Simpson)指数来表示节肢动物功能群的均匀度和丰富度。节肢动物功能群多度由各样方中采集的功能群多度与样方面积之比的平均值来表示。根据节肢动物功能群的传粉功能,将其划分为熊蜂类、蝇类、集蜂类、食蚜蝇、蚁类、蝶类、黄蜂类、甲虫类和蜜蜂类9个功能群。根据节肢动物食性将其划分为草食类、捕食类、寄生类、屑食类和杂食类5个功能群。

二、草地群落节肢动物多样性采样

用扫网采样法(sweep net sampling)采集节肢动物样本,虽然扫网采样法不能够采集到所有的节肢动物种类,但是已有研究表明,对于节肢动物,扫网采样法和真空采样法(vacuum sampling)的采样效应类似。在采样时间和次数上,选择草地群落地上生物量达到最高产量时进行采样,一年只进行一次采样,研究表明,对草地节肢动物一年一次采样和一年多次采样的抽样效果未出现统计差异。选择天气晴朗的时候开展野外调查,最好在当地时间13:00—17:00之间,在调查区沿"W"字形调查路线每间隔10 m设置一个取样点,用直径为38 cm的尼龙捕虫网在距地表20 cm高处来回扫网1次采集样本,扫网幅度为180°,扫网宽度为3 m。将每次采集的样本按物种和形态种进行分类,按物种记录其相应多度,标记现场不能识别的种,将样本划分为已识别样本和未识别样本2组,分开装入已编号的采集瓶,带回实验室进行分类和生物量测定。将采集的样本用75 ℃烘箱烘24 h后,分别测定各功能群生物量,单位g/m^2。调查采样记录表如表2-6-1所示。通过"W"采样路线长度和采样宽度来估算草地节肢动物调查数量。

表2-6-1　草地群落样方节肢动物调查采样记录表

序号	物种	多度
1		
2		
3		
⋮		
n		
实验组：	记录员：	日期：

三、草地群落节肢动物密度估算

根据草地群落节肢动物采样数据，节肢动物密度(density, D)可通过下式进行估算。

$$D = A/(L \times W)$$

式中，A——通过调查获得的草地群落节肢动物某一类型（或种）的多度；

L——调查路线长度；

W——扫网宽度。

【例题】沿长度为500 m的"W"形采样路线进行采样，扫网宽度为3 m，由此获得阿波罗绢蝶(*Parnassius apollo* Linnaeus)多度为20只，则其种群密度(D)为多少？

解：由题意可知A=20只，L=500 m，W=3 m，

则 $D=A/(L \times W)$

　　$=20/(500 \times 3)$

　　≈ 0.013 只/m²

项目七
鸟类观察采样——新疆翻飞鸽形态调查采样

一、鸟类群落观察

1. 确定时间

在野外要想观察到鸟类,时机非常重要,不应选择阴雨和气温过高的天气,应选择气温适宜的晴天进行野外观鸟。同时,也尽量选择在早晚进行观鸟活动,这个时候鸟类活动频繁,较易观察。

2. 观察工具

野外观察时使用望远镜可以远距离观鸟,并且不惊扰鸟类。有条件的可以准备相机,不仅可以记录鸟类的姿态,并且在遇到不认识的鸟种时,可以先拍下来回校仔细慢慢辨识。一般观鸟选用的望远镜规格是8×42,放大倍数为8,口径为42 mm。初学者用望远镜观察静态的鸟类比较容易,选好参照物将鸟类放置在视野中央后,再开始观察鸟类细节,如喙、尾形、虹膜等。有条件的可以选择倍数更高的单筒望远镜进行观察。

3. 相关准备

在不同的地方,鸟类的分布不同,同一地方海拔的差异也会影响鸟类的分布。观鸟时衣着不可以太过鲜艳,也不要造成太大的声响,要在不惊扰鸟类的前提下进行观鸟。可以准备花露水,供野外防蚊使用;携带雨衣,下雨时使用。

看到不认识的鸟种,可以先用手机或者相机将其拍下来,也可以录下它的叫声,回头向别人请教或在网上查询,也可以使用鸟类工具书进行查询。

在野外观鸟时也要保护好自身的安全,最好结伴同行。避免前往太过险峻的地形、地貌处,下雨路滑时注意脚下路况。登山时做好防护措施,暑热之时做好防蛇虫鼠蚁和防暑等措施。

观鸟时要养成随时记录的好习惯。记录下观察地点、时间、天气、鸟种数目甚至是心情,以便以后查看。

二、鸽形态特征测量

根据鸽各个结构的功能,可将其形态结构分为头部、躯体、飞羽、尾羽、跗骨和体重(生物量)等部分,合计33项形态特征(表2-7-1)。

1.头部

头部的形态特征主要包括嘴峰长度、鼻长度、鼻深度、鼻宽度,共4项。①嘴峰长度,从鼻膜前端至上颌前端的直线距离;②鼻长度,从鼻与额交接处至鼻尖的水平距离;③鼻深度,从鼻上端至颌的垂直距离;④鼻宽度,左右两个鼻膜的最大直线距离。用游标卡尺测量,精度为0.01 mm。

2.躯体

躯体的形态特征主要是躯体长度,指从胸部至尾基背部的直线距离。用直尺测量,精度为0.1 cm。

3.飞羽

飞羽的形态特征包括初级飞羽数量、初级飞羽长度(10项)、次级飞羽数量、次级飞羽长度(10项),共22项。用直尺测量,精度为0.1 cm。

初级飞羽着生在腕骨、掌骨和指骨上,羽片顶端朝翅尖方向弯曲,初级飞羽长度指翅膀前缘至飞羽末端的直线距离。初级飞羽的计数方法采用中国传统的自翅尖逐次向内计数法。

次级飞羽着生在尺骨上,羽片顶端朝躯体方向弯曲,长度为翅膀前缘至飞羽末端的直线距离。为与初级飞羽计数法保持一致,次级飞羽计数方法为从翅尖逐次向躯体方向计数。

4.尾羽

尾羽是着生在尾基的羽片,形态特征包括尾羽数量、左第一枚尾羽长度、中央尾羽长度、右第一枚尾羽长度4项,左第一枚尾羽指着生在尾羽左边的第一枚羽片,中央尾羽指着生在尾羽中央的羽片,右第一枚尾羽指着生在尾羽右边的第一枚羽片。尾羽长度为尾基至尾羽顶端的直线距离,用直尺测量,精度为0.1 cm。

5.跗骨

跗骨的形态特征主要是跗骨长度,指跗关节到爪的直线距离,用直尺测量,精度为0.1 cm。

6.体重

体重以样本活体体重表示,选用电子秤(如Metler Toledo Le2002E)测量(如图2-7-1),精度为0.01 g。

图2-7-1 家鸽体重称量

表2-7-1 鸽形态特征调查采样表

序号	形态特征		1	2	3	...	n
1	头部	嘴峰长/mm					
2		鼻宽/mm					
3		鼻深/mm					
4		鼻长/mm					
5		躯体长/cm					
6	飞羽	初级飞羽	初级飞羽数量/枚				
7			初级飞羽长1/cm				
8			初级飞羽长2/cm				

(续表)

序号	形态特征		1	2	3	...	n
9	飞羽	初级飞羽长3/cm					
10		初级飞羽长4/cm					
11		初级飞羽长5/cm					
12		初级飞羽长6/cm					
13		初级飞羽长7/cm					
14		初级飞羽长8/cm					
15		初级飞羽长9/cm					
16		初级飞羽长10/cm					
17		次级飞羽数量/枚					
18		次级飞羽长1/cm					
19		次级飞羽长2/cm					
20		次级飞羽长3/cm					
21		次级飞羽长4/cm					
22		次级飞羽长5/cm					
23		次级飞羽长6/cm					
24		次级飞羽长7/cm					
25		次级飞羽长8/cm					
26		次级飞羽长9/cm					
27		次级飞羽长10/cm					
28	尾羽	尾羽数量/枚					
29		左第一枚尾羽/cm					
30		中央尾羽/cm					
31		右第一枚尾羽/cm					
32		跗骨长度/cm					
33		体重/g					

项目八
大型真菌资源调查采样

一、调查对象与内容

1.调查对象

微生物物种资源调查主要是针对大型真菌的调查。我国大型真菌资源相当丰富，但是与动植物调查分析工作相比，真菌方面的调查工作还相对较落后。本次主要选择一些重要大型经济真菌进行重点调查。

2.调查内容

①某地区大型真菌的种类和数量；②大型真菌在生态系统中的作用；③真菌对气候环境变化的指示作用；④某地区食用菌和毒菌的种类和数量；⑤特定生态系统中大型真菌种类及分布；⑥某种真菌在不同地区不同居群间的差异。

二、调查方法

大型真菌的调查工作一般在雨水丰富的季节开展，最好在雨季初期、中期和末期各开展一次调查。先查阅资料了解当地生态系统类型，再确定要调查的区域，按一定的方法进行调查、记录。

1.直接采集

按照确定好的调查路线前进，采集遇到的所有大型真菌个体（子实体），带回室内，进行鉴定并做好记录（调查记录表如表2-8-1所示）。

表2-8-1　大型真菌调查记录表

采集组：	采集人：	采集号：	采集日期：
产地：	县(市、区)	乡	村
纬度：		经度：	海拔：　　　m
俗名：		科学名：	双名：
生境：干燥　湿润　浸水　流水　林荫　散光　直射光			照片粘贴处
机制：树基　树干　树枝　叶面　树桩　腐木　岩面　石隙　洞隙　土坡　岩面薄土　腐生　寄生			
菌盖：红　橙　黄　绿　蓝　紫　褐　白　鳞片　绒毛			
菌褶：延生　直生　弯生　离生　红　橙　黄　绿　蓝　紫　褐　白　鳞片　绒毛			
菌柄：托　环　网纹　纵纹			
菌肉：红　橙　黄　绿　蓝　紫　褐　白　鳞片　绒毛　变色			
气味：辣　淡　香			
附记：			

2.样方调查

选择 10 m×2 m 的样方，采集、记录样地内所有大型真菌个体，并记录生境特征（如湿度、生长的基质或寄主植物及周围的植被条件）等，详见表2-8-2。

表2-8-2　大型真菌样方调查表

采集组：	采集人：	采集号：	采集日期：
产地：	县(市、区)	乡	村
纬度：		经度：	海拔：　　　m
俗名：		科学名：	双名：

(续表)

生境:干燥 湿润 浸水 流水 林荫 散光 直射光	照片粘贴处
营养类型:水生 土生 粪生 菌根 中生 其他	
用途:食用 药用 其他	
附记:	

3.市场调查和访问

为弥补野外调查的不足,在对某地大型真菌资源开展调查时,还要通过访谈和问卷调查等形式,对该地自由市场上出售的各种野生食用菌和药用菌开展调查和记录,对利用真菌资源有丰富经验的农户进行访谈,其主要内容也包括采收时间、年总产量、销售收入等,详见表2-8-3。

表2-8-3 大型真菌的市场调查表

采访组:	采访人:	采访号:	采集日期:
产地:	县(市、区)	乡	村
纬度:	经度:	海拔: m	
被访谈人姓名:	职业:	文化程度:	
俗名:	科学名:	双名:	
丰富程度:			
采收季节:			
年采摘量:			
价格:			
毒性程度:			
用途:食用 药用 其他			
附记:			

4. 数据处理

$$W = A \times M_i \div N_i$$

其中，W——某大型真菌在调查区域内的个体数；

A——某大型真菌的适生面积；

M_i——第 i 号样地（带）某种大型真菌的个体数；

N_i——第 i 号样地（带）的面积。

三、调查结果编制

应严格按照规定的内容及要求来完成分析和评价等工作。

1. 组成分析

采集的标本经过鉴定后，按科属进行整理、归类，并列出用途，分析各类真菌所占比例。

2. 不同营养型真菌物种的组成分析

按营养特点，可将大型真菌大致分为共生型真菌、腐生型真菌、土生型真菌和寄生型真菌等几种类型。

3. 不同植被类型中的真菌

主要是分析采集到的真菌与调查区域内植物的共生关系。

4. 资源评价

对调查地区大型真菌的资源状况进行分析评价，包括大型真菌资源的生物量、特定经济真菌的品质、大型真菌的分布特征和开发利用潜力，以及大多数大型真菌与植被形成的特殊生态关系。

区分食用菌、药用菌及毒菌资源，特别是食用菌和药用菌的生物量和品质，以及毒菌的种类和数量等。

按一定的分类系统列出调查区域的大型真菌名录，包括性质、用途、组成、特点、生境类型、营养特点（如共生型真菌、腐生型真菌、土生型真菌和寄生型真菌），并区分食用菌、药用菌及毒菌。

主要参考文献

[1]MAY R M. How many species are there on earth?[J] Science, 1988, 241(4872): 1441-1449.

[2]JOPPA L N, ROBERTS D L, PIMM S L. How many species of flowering plants are there?[J] Proceedings of the Royal Society B: Biological Sciences, 2011, 278(1705): 554-559.

[3]BEBBER D P, CARINE M A, DAVIDSE G, et al. Big hitting collectors make massive and disproportionate contribution to the discovery of plant species[J]. Proceedings of the Royal Society B: Biological Sciences, 2012, 279(1736): 2269-2274.

[4]方精云. 探索中国山地植物多样性的分布规律[J]. 生物多样性, 2004. 12(1): 1-4.

[5]胡汝骥. 中国天山自然地理[M]. 北京: 中国环境科学出版社, 2004.

[6]徐远杰. 中国伊犁河谷植物群落物种多样性研究[D]. 北京: 中国科学院研究生院, 2010.

[7]马炜梁. 植物学[M]. 3版. 北京: 高等教育出版社, 2022.

[8]沈显生. 植物学拉丁文[M]. 2版. 合肥: 中国科学技术大学出版社, 2010.

[9]PÉREZ-HARGUINDEGUY N, DÍAZ S, GARNIER E, et al. New handbook for standardised measurement of plant functional traits worldwide[J]. Australian Journal of Botany, 2013, 61(3): 167-234.

[10]王幼芳, 李宏庆, 马炜梁. 植物学实验指导[M]. 3版. 北京: 高等教育出版社, 2021.

[11]MORETTI M, Dias A T C, DE BELLO F, et al. Handbook of protocols for standardized measurement of terrestrial invertebrate functional traits[J]. Functional Ecology, 2017, 31(3): 558-567.

[12]方精云, 王襄平, 沈泽昊, 等. 植物群落清查的主要内容、方法和技术规范[J]. 生物多样性, 2009, 17(6): 533-548.

[13]覃林. 统计生态学[M]. 北京: 中国林业出版社, 2009.

[14]WHEATER C P, BELL J R, COOK P A. Practical field ecology: a project guide[M]. 2nd ed. Oxford: Wiley-Blackwell, 2020.

[15]郑光美. 鸟类学[M]. 北京: 北京师范大学出版社, 1995.

[16]帕提古丽·亚森, 巴雅尔塔. 新疆翻飞鸽形态构造研究[J]. 新疆师范大学学报(自然科学版), 2020, 39(1): 64-76.

[17]TOBIAS J A, SHEARD C, PIGOT A L, et al. AVONET: morphological, ecological and geographical data for all birds[J]. Ecology Letters, 2022, 25(3): 581-597.

一、伊犁河谷部分野生哺乳动物野外调查图

1. 兔狲 *Felis manul*

2. 伶鼬 *Mustela nivalis*

3. 赤颊黄鼠 *Spermophilus erythrogens*

4.1 棕熊 *Ursus arctos*

4.2 棕熊 *Ursus arctos*

5. 喜马拉雅旱獭 *Marmota himalayana*

6. 北山羊 *Capra sibirica*

7. 赤狐 *Vulpes vulpes*

8. 猞猁 *Felis lynx*

9.1 狼 *Canis lupus*

9.2 狼 *Canis lupus*

10.1 鹅喉羚 *Gazella subgutturosa*

10.2 鹅喉羚 *Gazella subgutturosa* 　　　　10.3 鹅喉羚 *Gazella subgutturosa*

11.1 雪豹 *Panthera uncia*

11.2 雪豹 *Panthera uncia* 　　　　12. 马鹿 *Cervus elaphus*

二、伊犁河谷部分爬行动物野外调查图

1.1 捷蜥蜴 *Lacerta agilis*

1.2 捷蜥蜴 *Lacerta agilis*

2. 密点麻蜥 *Eremias multiocellata*

3. 胎生蜥蜴 *Lacerta vivipara*

4. 花脊游蛇 *Coluber ravergieri*

5. 四爪陆龟 *Testudo horsfieldii*

三、伊犁河谷常见节肢动物野外调查采样图

1. 旖凤蝶 *Iphiclides podalirius*

2. 红襟粉蝶 *Anthocharis cardamines*

3. 云粉蝶 *Pontia edusa*

4. 暗脉粉蝶 *Pieris napi*

5.1 银斑豹蛱蝶 *Speyeria aglaja*

5.2 银斑豹蛱蝶 *Speyeria aglaja*

6. 黄缘蛱蝶 *Nymphalis antiopa*

7. 荨麻蛱蝶 *Aglais urticae*

8. 矍眼蝶 *Ypthima baldus*

9. 钩粉蝶 *Gonepteryx rhamni*

10. 多眼灰蝶 *Polyommatus eros*

11. 绢粉蝶 *Aporia crataegi*

12. 孔雀蛱蝶 *Inachis io*

13. 阿波罗绢蝶 *Parnassius apollo*

14. 大黄枯叶蛾 *Lasiocampa quercu*

15. 绿豹蛱蝶 *Argynnis paphia*

16. 单环蛱蝶 *Neptis rivularis*

17. 七星瓢虫 *Coccinella septempunctata*

四、伊犁河谷部分野生鸟类野外调查图

1. 戴胜 *Upupa epops*

2. 太平鸟 *Bombycilla garrulus*

3.1 家八哥 *Acridotheres tristis*

3.2 家八哥 *Acridotheres tristis*

4. 红脚鹬 *Tringa totanus*

5. 纵纹腹小鸮 *Athene noctua*

6. 雉鸡 *Phasianus colchicus*

7. 白鹡鸰 *Motacilla alba*

8.1 大鸨 *Otis tarda*

8.2 大鸨 *Otis tarda*

9. 雪鸡 *Tetraogallus* sp.

10. 灰鹤 *Grus grus*

11. 槲鸫 *Turdus viscivorus*

12. 红隼 *Falco tinnunculus*

13. 大朱雀 *Carpodacus rubicilla*

14. 棕头鸥 *Larus brunnicephalus*

15. 中杓鹬 *Numenius phaeopus*

16. 蓝胸佛法僧 *Coracias garrulus*

17. 黄喉蜂虎 *Merops apiaster*

18. 赤胸朱顶雀 *Carduelis cannabina*

19.1 角百灵 *Eremophila alpestris*

19.2 角百灵 *Eremophila alpestris*

20.1 石鸡（嘎哒鸡）*Alectoris chukar* 　　　　　　20.2 石鸡（嘎哒鸡）*Alectoris chukar*

21. 绿头鸭 *Anas platyrhynchos*

22. 毛腿沙鸡 *Syrrhaptes paradoxus* 　　　　　　23. 欧斑鸠 *Streptopelia turtur*

24. 蓑羽鹤 *Anthropoides virgo*

25. 赤麻鸭 *Tadorna ferruginea*

26. 大天鹅 *Cygnus cygnus*

27. 高山兀鹫 *Gyps himalayensis*

28. 翘鼻麻鸭 *Tadorna tadorna*

29.1 金雕 *Aquila chrysaetos*

29.2 金雕 *Aquila chrysaetos*